小学生のための
星空観察のはじめかた

観測のきほんと天体・星座・現象のひみつ

はまぎん
こども宇宙科学館
プラネタリウム解説員
甲谷保和 監修

星空

オーロラや流星はなぜ起こるの？

観察をはじめよう
かんさつ

天体望遠鏡の仕組みや使い方は？

星座の探し方は？

宇宙にはどんな天体があるの？

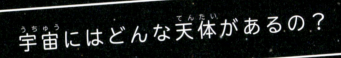

Contents

小学生のための
星空観察のはじめかた

2　星空観察をはじめよう
8　本書の見方

第1章　星空を見てみよう

10　太陽が沈む様子を見てみよう
12　月を見てみよう
14　月の模様は何に見える？
16　一番星を探してみよう
18　太陽系の惑星を見てみよう
20　北極星を探してみよう
22　星の位置が変わるのはなぜ？
24　宇宙って何？
26　星はどこで生まれて、最後はどうなるの？
28　星の明るさと色のちがいは？
30　さまざまな天文現象
32　銀河系・銀河団とは何？
34　コラム　星座のアルファベットの意味は？

第2章　星空の観察の仕方

36　肉眼で星を見てみよう
38　星空観察の服装や必需品は？
40　双眼鏡で星を見てよう
42　天体望遠鏡で見てみよう
44　天体望遠鏡の仕組み
46　天体望遠鏡の練習方法
48　安全な場所で見よう
50　天体写真を撮影してみよう
52　さまざまな機材
54　コラム　星座早見とは？

第3章　四季の星座を見つけよう

56　星座って何？
58　誕生日の星座
60　南天の星座とは？
62　88星座一覧
64　＜春の星座＞
66　春の観察のポイント
68　おおぐま座
70　こぐま座
72　うしかい座
74　おとめ座
76　しし座
78　かに座
80　＜夏の星座＞
82　夏の観察のポイント
84　こと座
86　わし座
88　はくちょう座
90　てんびん座
92　さそり座
94　いて座
96　＜秋の星座＞

98　秋の観察のポイント
100　やぎ座
102　ペガスス座
104　みずがめ座
106　アンドロメダ座
108　ペルセウス座
110　カシオペヤ座
112　うお座
114　＜冬の星座＞
116　冬の観察のポイント
118　おひつじ座
120　オリオン座
122　おうし座
124　おおいぬ座・こいぬ座
126　ふたご座

※本書の情報は2024年10月時点のものです。

はじめに

本書の見方

本書は星空観察をこれからはじめようとしている方向けの本です。宇宙や天体について、天体望遠鏡や双眼鏡を使った星の見方、星座の探し方などを豊富なビジュアルで楽しく学ぶことができます。第1章では星空を見る楽しみ方を紹介し、第2章では具体的な星空の観察の仕方を解説します。そして、第3章では四季の星座からセレクトした星座の紹介をしています。

項目名 — 各項目のテーマ毎に、基本的に見開きで解説しています。

囲み — 特に紹介したいトピックスは囲みにしています。

写真・イラスト — 本書では豊富なビジュアルを使って、わかりやすく解説しています。

本文 — そのテーマに関する内容を詳しく解説しています。漢字にはルビを振っています。

第1章

星空を見てみよう

HOSHIZORA KANSATSU
01

太陽が沈む様子を見てみよう

昼間、天気の良い日に空を見上げると青い空と太陽が見えます。太陽は空の高いところを通っていきますが、時間とともに太陽は西に傾いていきます。空の色がだんだん移り変わっていき、太陽が沈む前に、空がまっ赤に見える夕焼けになります。

やがて太陽が沈むと空が暗くなり、

太陽は直接見ない！

昼間の太陽はとてもまぶしいので、直接見ないようにしましょう。視力の低下や失明の危険があります。

第1章 星空を見てみよう

星がよく見える時間になります。
　実は、太陽が沈むとき、空が七色に分かれている時間があります。とても薄い色調なのでほとんどの人は気づかないのですが、太陽が沈んだ空の低いところがオレンジ色に、空の高いところが青色に、中間部分が虹色のグラデーションになっています。

　朝になると、再び東から太陽はのぼってきます。暗い夜空から、明るい空へと移り変わっていく時間を朝焼けといいます。
　朝焼けを見るには、早起きしなくてはいけませんが、夕焼けと朝焼けは実際に見ると、雰囲気がちがうので、ぜひ見てみましょう。

朝焼け

夕焼けとは反対に、暗い空からだんだんと明るくなり、東の空が赤からオレンジ色、黄色と変化し、やがて青く変化していきます。

HOSHIZORA KANSATSU
02

月を見てみよう

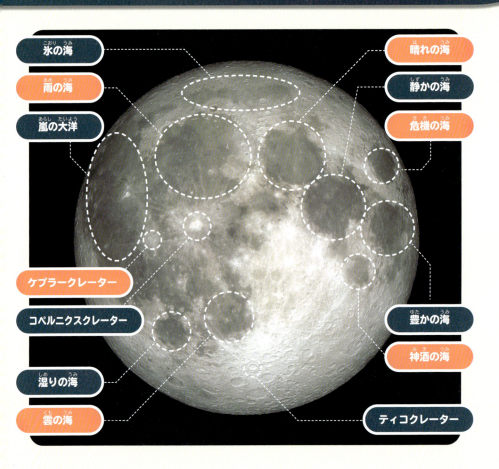

- 氷の海(こおりのうみ)
- 雨の海(あめのうみ)
- 嵐の大洋(あらしのたいよう)
- ケプラークレーター
- コペルニクスクレーター
- 湿りの海(しめりのうみ)
- 雲の海(くものうみ)
- 晴れの海(はれのうみ)
- 静かの海(しずかのうみ)
- 危機の海(ききのうみ)
- 豊かの海(ゆたかのうみ)
- 神酒の海(みきのうみ)
- ティコクレーター

　月は地球のただひとつの天然の衛星で、地球から最も近くにあるため、とても明るく見えます。月が光って見えるのは、太陽の光を反射しているからです。

　昼からやがて夕方になり、辺りが暗くなってくると、月が明るくなってきたように感じることがありませんか？
　しかし、実際は月の明るさは変わっておらず、周りの景色の見え方の違い

第1章 星空を見てみよう

月は毎日見え方が違う

　月は毎日少しずつ形を変えていくように見えますが、これを「月の満ち欠け」といいます。午後の青空に見える月を毎日観察すると、三日月から半月、満月と移り変わっていく様子が観察できます。細い三日月を見たつもりでも、今日と明日ではもう見え方が違っています。星空は、実は毎日変化していることが改めてわかりますね。

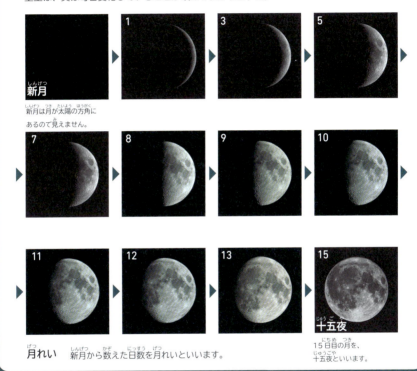

新月は月が太陽の方角にあるので見えません。

月れい　新月から数えた日数を月れいといいます。

15日目の月を、十五夜といいます。

で、白く見えていた月が、黄色く輝く月に変わったように見えているのです。また、月はいつも同じ丸い形をしていますが、地球から見ると、いろいろな形に見えます。
　表面にある模様は「海」と呼ばれる地形のことで、丸くでこぼこした部分は大きな隕石が衝突してできたクレーターです。天体望遠鏡で観察するなら、クレーターのような地形は満月よりも欠けている月の欠け際のあたりが、はっきりと見えやすいです。

13

HOSHIZORA KANSATSU
03

月の模様は何に見える？

餅つきをするウサギ

　満月のころに、月をじっくりとながめてみると、月の表面に模様が見えると思います。日本ではこの月の模様が古くから「餅つきをするウサギ」に見えるといわれています。それだけでなく、世界中で月の模様に対する見方は何と250種類以上あるといわれています。

　代表的なものでは、カニやロバ、ワニ、ライオンなどの動物に見えたり、あみ物をする女性、本を読む女性、女の人の横顔など、人に見えるともいわ

第1章 星空を見てみよう

カニ

サングラスをした人の顔

女の人の横顔

ライオン

れます。
　ほかにも、オリジナルの見方を発見する楽しみもあります。たとえば「サングラスをした人の顔」に見えませんか？
　みなさんもどう見えるか考えてみましょう。月の模様の見え方はまだまだ新しい発見ができます。そして、これまでよく知っていた見え方も変わっていくかもしれません。
　もしかしたら、何十年後かに、あなたの発見した新しい月の見え方が教科書に載るかもしれませんよ。

HOSHIZORA KANSATSU
04

一番星を探してみよう

夜がやってくると、星たちの時間に移り変わってきます。最初に見える「一番星」を探してみましょう。

一番星といっても、決まった星があるわけではありません。その日、その夜に最初に見えた星が一番星です。

第1章　星空を見てみよう

一番星になりやすい星

金星	空に金星が見える時期には金星が一番になる可能性が高いです。宵の明星とも呼ばれ、夕焼けが終わる頃には、もう見えはじめるほど明るいです。
木星	金星が見えないときは、木星が一番星になる可能性があります。
火星	火星は2年2カ月に1回地球との距離が近くなり、明るくなります。火星が明るい時期には火星が一番星になることがあります。
アークトゥルス （春）	うしかい座の一等星であるアークトゥルスは、春に一番星になることが多いです。
ベガ （夏・秋）	こと座のベガは夏に一番星となることが多いです。太陽が沈むのと反対側に東側からのぼってきて見えます。また、秋は明るい星が少ないため、ベガが引き続き一番星になることが多いです。
シリウス・カペラ （冬）	冬はおおいぬ座のシリウスや、ぎょしゃ座のカペラが一番星になる可能性が高いです。

「一番星＝金星」と信じている人がいますが、必ずしも金星が夕方に見えるわけではありません。

　本来は明るい星が見えるはずが、たまたまその辺りが曇っていて、別の星が一番星になることもあります。街中では建物の陰になって星が見えにくくなることもあります。

　また、二人の人が別々の方向を向いていたために、それぞれ「一番星だ」と気づいた星が別だったということもあるかもしれません。ですから、その日、その夜、最初に気づいた見つけやすい星が、一番星だと思いましょう。「こっちの方角」と決めて見るのではなく、空全体を見渡して最初に見えた星を探してみるとよいでしょう。

17

HOSHIZORA KANSATSU
05

太陽系の惑星を見てみよう

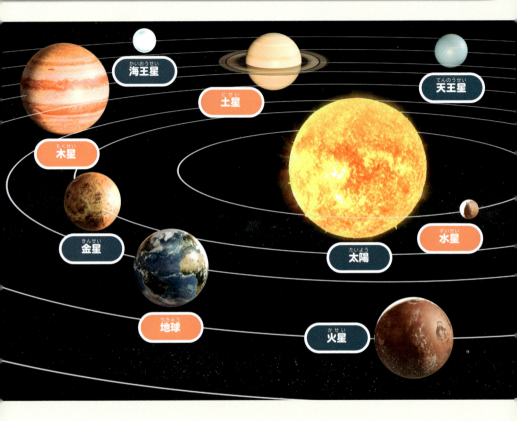

　私たちが住む地球は、太陽のまわりをまわっている惑星のひとつです。地球以外にも、火星や金星なども同じ太陽のまわりをまわる惑星の仲間です。そのうち、天王星は肉眼で見分けるのは難しく、また、海王星は肉眼では見えません。ここでは水星、金星、火星、木星、土星について紹介します。水星・金星は地球の内側を回っているので、真夜中には見えず、火星、木星、土星は外側を回っているので、真夜中でも見えます。

第1章 星空を見てみよう

観察のポイント

水星

水星は太陽に一番近い惑星で、なかなか見ることができません。それでも、年に数回見えるチャンスがあります。1回ごとのチャンスが1週間ほどです。水星が太陽から一番離れた時期が見やすいので、朝方や夕方のほうが観測しやすいです。

金星

金星は地球よりも内側を回っている惑星なので、見えるときは必ず太陽に近い位置にあり、真夜中には見えません。夕方に見えていれば必ず気づくほど明るいです。天体望遠鏡で観察すると、金星は三日月型や半月型に満ち欠けして見えます。

火星

火星は約2年2か月ごとに地球との距離が近づき、そのたびに明るく見えます。また、約15年ごとに大接近します。火星は肉眼でも赤い色がわかり、望遠鏡で見ると模様があることがわかります。ですが、火星の模様は砂嵐が発生するとまったく見えなくなることもあり、模様が見える時期と見えない時期があります。

木星

木星は太陽系の惑星のなかで一番大きい惑星です。夜に見えるとびきり明るい星は、木星であることが多いです。望遠鏡を使えば、木星の縞模様が見えたり、木星のまわりをまわっている4つのガリレオ衛星も見ることができます。

土星

土星は望遠鏡で環を観測できるところが特別です。ほかにも環がある惑星はありますが、小型望遠鏡で見たときに環がわかるのは土星だけです。また、土星の環の見えかたは15年ぐらいの周期で移り変わり、よく見える時期とそうでない時期があります。2025年ごろには、土星の環を薄い側から見る位置になり見えづらい時期がきます。2026年以降はだんだんと見やすくなります。

19

HOSHIZORA KANSATSU
06

北極星を探してみよう

夜空を見上げるとたくさんの星が見えます。夜に方角を知るときの目印となるのが北極星のポラリスです。北極星は真北にあって、こまの先端のように動かないように見えます。

北極星を見つけるには、北斗七星とカシオペヤ座から見つける方法がよく知られています。

まず、北斗七星のひしゃくの口の部分の2つの星を結びます。その長さを

北斗七星とカシオペヤ座から探す

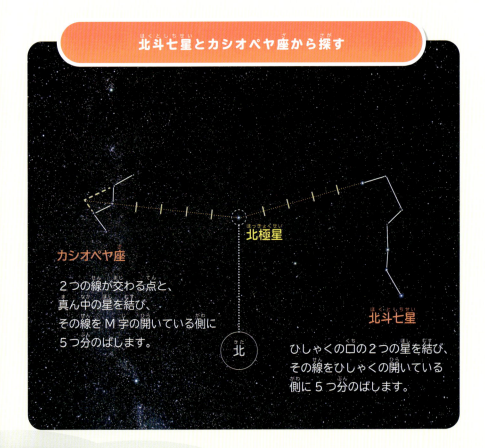

北極星

カシオペヤ座

2つの線が交わる点と、真ん中の星を結び、その線をM字の開いている側に5つ分のばします。

北

北斗七星

ひしゃくの口の2つの星を結び、その線をひしゃくの開いている側に5つ分のばします。

5つ分のばした先に北極星があります。また、カシオペヤ座をM字に結んだとき、左右の2本の線をのばします。交わった点と、カシオペヤ座の中心の星を結びます。その長さを5つ分M字の開いている側にのばした先に北極星があります。

ほかにも夏の大三角から探す方法があります。デネブとベガを軸として、夏の大三角を反対側にひっくり返します。すると、アルタイルのほぼ反対側に北極星があります。北極星は2等星なので、1等星よりも後から見えてきます。夏の大三角から大体この辺りという位置を見つけておいて、北極星が見えてくるのを待ちましょう。

夏の大三角から探す

デネブとベガを結んだ線を軸として、ひっくり返します。
その先に北極星があります。

HOSHIZORA KANSATSU
07

星の位置が変わるのはなぜ？

　星はずっと同じ場所に見えているのではなく、時間が経つと東からのぼって、南の空を通り、西へと沈むように動いて見えます。実際に星が動いているのではなく、地球が回転しているため、そう見えるのです。地球が地軸を中心に西から東へ回転することを自転といい、約1日かけて1回転します。

　季節によっても星の見える位置は変わります。星は1日におよそ1度ず

1日の星の動き

地軸
自転

地球は地軸を中心に西から東へ自転しています。それによって星は東から西に、約1日かけて1回転（1時間あたり約15度）するように見えます。これを日周運動といいます。

午後6時　午後10時　午前2時

東　南　西

つ（1ヵ月に約30度）東から西の空に移動していきます。1年かけて地球をひとめぐりして、また同じ時期に同じ場所に戻ってきます。

それは地球が太陽を中心として、そのまわりを回転しているからです。これを公転といって、地球は1年かけて太陽のまわりを1周します。

例えば、下の図のように春の夜に空を見上げると、春の星座が見えます。しかし、秋の星座が空にのぼるときは、太陽の光でかくれてしまうので、見ることができません。星座が季節とともに移り変わっていくことを年周運動といいます。

1年かけて地球は公転する

地球は太陽のまわりを1年かけて1周するため、季節ごとに見える星座が変わります。
季節の星座とは、夜の早い時間の空によく見える星座のことを指します。

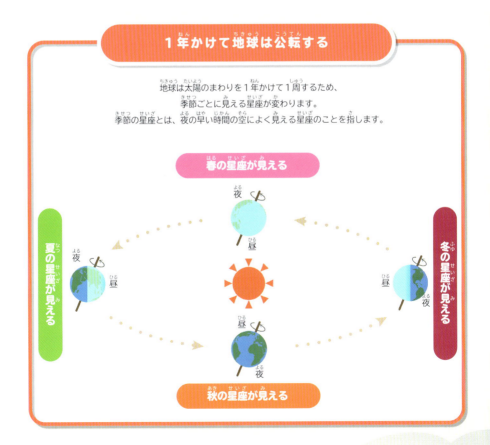

HOSHIZORA KANSATSU
08
宇宙ってなに？

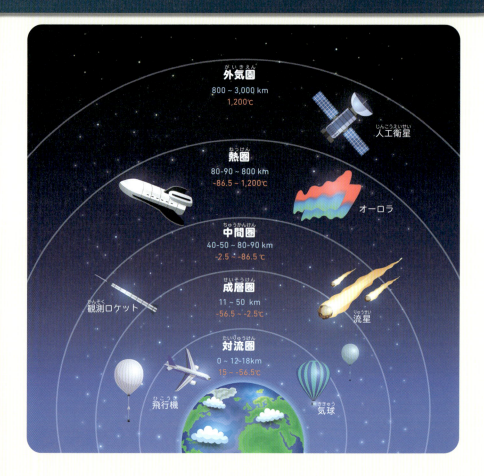

　宇宙というと地上から見える星空をイメージすると思います。しかし、実際には地球も宇宙の一部で、宇宙はすべての天体を含みます。そして、宇宙は今このときもふくらみ続けていることが、観測からわかっています。
　地球と宇宙の境目はどこからかというと、大気が人工衛星が回るのに邪魔にならないくらい薄くなる地表から約100kmほど先のところです。そこか

第1章 星空を見てみよう

1光年とは？

　星と星の距離を表すときに、「光年」という単位を使います。1光年は、光が1年間に進む距離のことです。光の速さは、秒速30万kmで、1秒間で地球を7周半するほど速いです。1光年では約9兆4600億kmにもなります。

1秒間で
7周半

星空の仲間のたち

恒星
太陽のように、自分のエネルギーで光り輝いている星を恒星といいます。星座をつくる星はすべて恒星です。

惑星
自分では光らず、恒星のまわりを回る星です。地球も太陽のまわりを回る惑星のひとつです。

衛星
惑星のまわりを回る星です。月は地球の衛星です。惑星と衛星は恒星の光を反射して光っています。

彗星
長い尾をたなびかせて夜空に現れる小天体です。さまざまな周期で太陽のまわりを回っています。

流星
いわゆる「流れ星」のことをいいます。一度にたくさん見られる流星を「流星群」といいます。

ら先のことを宇宙と呼ぶのが一般的です。

　大気とは、惑星に存在する気体のことで、地球の場合は空気になります。大気のまとまりは大気圏と呼ばれますが、地球表面に近いところから対流圏、成層圏、中間圏、熱圏といいます。熱圏の外側を外気圏と呼び、高度1000kmを超えて広がっています。

HOSHIZORA KANSATSU
09

星はどこで生まれて、最後はどうなるの？

星が最初に生まれてくる場所は分子雲です。分子雲は、以前は暗黒星雲と呼ばれていました。星の光を通さないほど星雲の濃くなっている部分から、やがて星ができてきます。

まわりのガスが吹き散らされると、星だけになった星団の姿になり、やがてバラバラの星に分かれていきます。

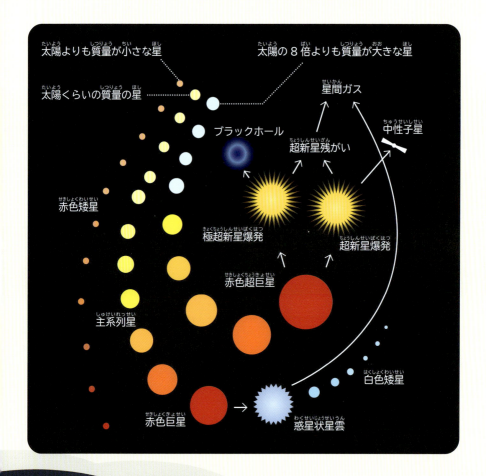

第1章 星空を見てみよう

星が一生の最後を迎えるときは、惑星状星雲をつくったり、超新星残がいをつくったりします。

太陽ぐらいの質量を持つ星の場合、最後が近づくと数百倍の大きさの赤色巨星に進化し、膨張と収縮をくり返しながら、外側にガスを放出して惑星状星雲をつくります。

その後に核の部分だけが白色矮星という種類の星になります。太陽よりもずっと重い星の場合は、超新星爆発という大爆発を起こしてから、超新星残がいと呼ばれる星雲状の天体をつくります。

超新星残がい（かに星雲）

ブラックホールの種類

太陽の20倍以上の重い星になると、極超新星爆発を起こした後に、ブラックホールができると考えられています。これを「恒星質量ブラックホール」といいます。ブラックホールは、質量・重さによって何段階かに分かれますが、そのなかで一番小さく軽いブラックホールです。これとは別に、銀河の中心には「大質量ブラックホール」というものがあります。これは、質量・重さが桁違いに重いものです。

惑星状星雲（亜鈴状星雲）

星の明るさと色のちがいは？

星の明るさを表すときに1等星、2等星……と順番に数字で表されます。これを等級といいます。

1等星が最も明るく、数字が増えるごとに暗くなります。

6等星は暗く澄んだ空で、肉眼でなんとか見える明るさです。6等星と比べると、1等星は100倍の明るさになります。

1等星より明るい星を0等星、さら

星の明るさのちがい

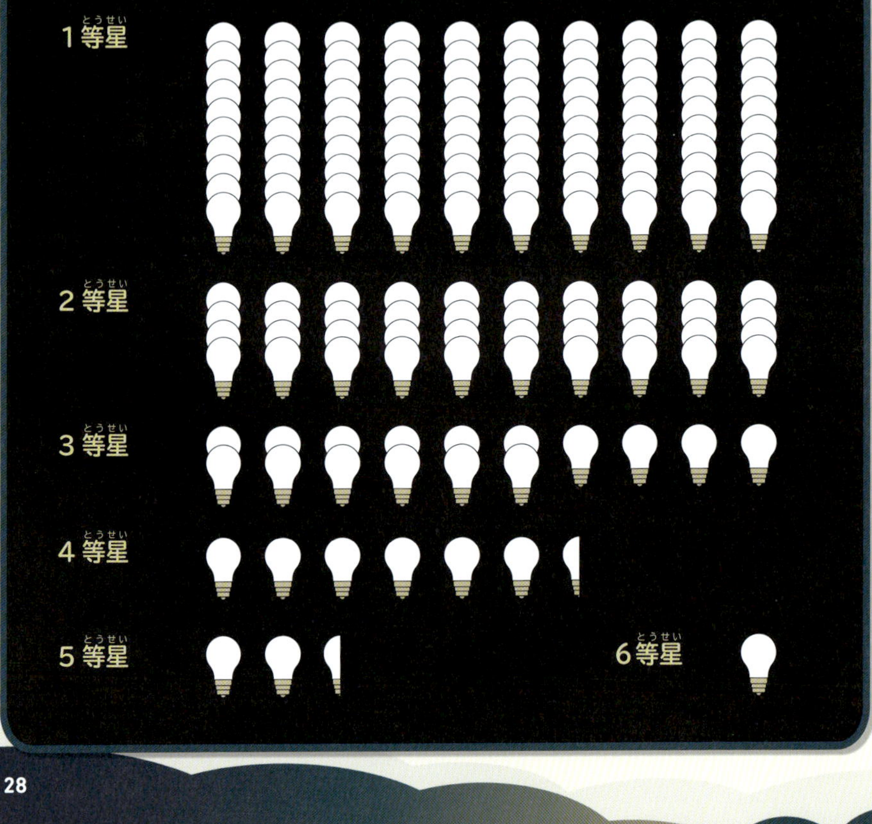

1等星

2等星

3等星

4等星

5等星　　　　　　　　　　　6等星

第1章 星空を見てみよう

に明るい星をマイナス1等星で表します。星座をつくる星のなかで最も明るいシリウスはマイナス1.5等星です。マイナス等級の星は2個、0等級の星は7個ありますが、1等星より明るい星はまとめて1等星と呼ぶことが多く、全天で21個あります。

また、星をよく見ると、赤や黄色、白など色がちがうさまざまな星があることがわかります。

表面温度によって星の色が異なります。赤い星は表面温度が低く、段々と高くなるにつれて、オレンジ色、黄色と変わっていきます。黄色い星は、太陽と同じくらいの温度の星です。白い星、青白い星は表面温度が高いです。

星の色・表面温度

白い星

アルタイル
（わし座）

シリウス
（おおいぬ座）

オレンジ色の星

アークトゥルス
（うしかい座）

アルデバラン
（おうし座）

青白い星

スピカ
（おとめ座）

リゲル
（オリオン座）

黄色い星

カペラ
（ぎょしゃ座）

リギル・ケンタウルス
（ケンタウルス座）

赤い星

アンタレス
（さそり座）

ベテルギウス
（オリオン座）

高い ← 星の表面温度 → 低い

さまざまな天文現象

　すい星は長いしっぽをたなびかせて夜空に現れる小天体です。
　流星はいわゆる流れ星のことで、一度にたくさん見られるものを流星群といいます。夏のペルセウス座流星群と冬によく見えるふたご座流星群が有名です。
　すい星や小惑星など流星群の元になる天体から吹き出したちりのなかを地球が通るとき、大量のちりが地球に落ちてきます。そのとき、ちりが地球の大気と衝突してガス化し、まわりの

第1章 星空を見てみよう

低緯度オーロラ（北海道）

ふたご座流星群

火球

アリゾナ砂漠にある
隕石によるクレーター

大気も光らせて、流星になります。
　流星のなかでもひときわ明るいものを火球といいます。一般的にはマイナス4等級よりも明るい流星のことを指します。
　流星は地球の大気圏内で燃えつきますが、火球は燃えつきずに地球まで届き隕石となることもあります。隕石が地表に落ちてできる穴をクレーターといいます。
　オーロラは太陽からくる太陽風や電磁波が地球の大気と衝突することで、大気を発光させる現象です。

31

HOSHIZORA KANSATSU
12
銀河系・銀河団とは何？

りょうけん座にある子もち銀河。

M31 アンドロメダ銀河は地球から 250 万光年の距離にあり、肉眼で見える最も遠い天体のひとつ。

第1章 星空を見てみよう

おとめ座銀河団の一部を形成しているマルカリアンチェーンと呼ばれる銀河群。

　私たちが住む地球は太陽を中心にする太陽系の仲間です。その太陽系は天の川銀河のなかにあります。
　天の川銀河には太陽のような恒星が約2000億個あるといわれています。見える部分だけでも10万光年くらいの大きさがあり、その外側にもガスでできたハローという領域が広がっています。
　さらにその外側には、人類がまだほとんど観測できないダークマターという物質のハローが広がっています。

一番端の部分には、隣の銀河と接触しているところもあるとわかってきました。
　天の川銀河のような銀河も、宇宙全体では1000億〜2兆個を超える数が存在していると考えられています。数百から数千の銀河が互いの重力によって、集団となっているものを銀河団といいます。
　肉眼で見える銀河の例としては、M31 アンドロメダ銀河があります。

33

Column

星座のアルファベットの意味は？

　星座名は日本語の場合はひらがなで、外来語などはカタカナで書かれます。またラテン語でもあらわします。ラテン語はギリシャ文化を受け継いだローマ帝国で使われた言葉で、ヨーロッパのさまざまな国の言葉の元になったものです。そのため、科学などの学術用語としてさまざまな分野で使われています。例えば、おとめ座の場合はラテン語で「Virgo」（Vir）と書きます。

　また、星雲名や星団名には「M45（プレアデス星団）」のように頭に「M」がついているものがあります。これは18世紀にすい星の発見で活躍したフランスの天文学者シャルル・メシエにちなんでいます。メシエはすい星と間違えやすい見え方をする天体をまとめて、カタログをつくりました。そのカタログにMからはじまる番号が載っていることから、今もつけられています。それ以外にも、たくさんの観測によって多くのカタログがつくられ、現在も使われています。

第2章

星空の観察の仕方

HOSHIZORA KANSATSU
13

肉眼で星を見てみよう

　道具がなくても、肉眼で星空を観察することはできます。肉眼で見るメリットは、一度に広い範囲を見ることができる点です。例えば、どこに出現するかわからない流星を見ようと思って望遠鏡を構えて待っていても、そこを流星が流れる可能性は高くありません。肉眼で広い範囲を同時に観察する

肉眼とは？

私たちの目のことです。望遠鏡や双眼鏡などを使わないで自分の目だけで見ることを、「肉眼で見る」といいます。

36

第2章　星空の観察の仕方

ことで見つけるチャンスが高くなります。
　また、例えば月の隣に星が見える場合や、2つの星が接近して見える場合など、複数のものを同時に観察したいときには、肉眼で見るほうが確認しやすくなります。
　ただし、気をつけることもあります。明るいところから暗いところへ移動すると、目が暗さに慣れておらず、星が見えないことがありますが、だんだんと見えてきます。これを暗順応といいます。また、あまり明るいものを見ないようにしましょう。例えば、スマートフォンの画面はとても明るいので、見続けていると目が夜空に慣れてくれません。

暗順応とは？

　映画館のように、明るい場所から暗い場所へ行ったとき、だんだんと目が暗闇に慣れてくることを暗順応といいます。肉眼で観測しているときに多いのが、「家から外に出てみたけれども、星が全然見えなかった」という失敗です。ここで観測をあきらめてしまう人が多いです。しかし実際には、10分ぐらい暗いところにいると少し目が慣れてきて、それまで見えていなかった星が見えてくることがあります。こういったケースは十分にあるので、暗いところで少し目を慣らしてみましょう。

ピントを合わせよう

　私たちの目はオートフォーカスという自動で物にピントを合わせる機能を持っています。しかし、空に目標となる物がないとピントが定まらず、星が見えにくくなることがあります。その場合、なるべく遠くにあるものでピントを合わせましょう。例えば空に少し雲がある場合には、雲の位置にピントが合うことで、星に気づきやすくなることもあります。明るい星が見える状況なら、星がぐっと見えやすくなります。

星空観察の服装や必需品は？

冬の服装の例
- 帽子
- 長そで
- 手袋
- 長ズボン
- 歩きやすい靴

　星空観察をする場所は野外になりますので、服装には気をつけましょう。特に冬は防寒が大切です。移動中は寒くなくても、実際に星空を見ているときは静かにじっと止まっているので、思った以上に寒くなります。防寒具として手袋やマフラー、上着などしっかり準備しましょう。

　反対に、夏は薄着になる分、虫刺されに注意です。虫よけやかゆみ止めなどを用意しておきましょう。できれば、長袖・長ズボンに近い服装がいいで

第2章 星空の観察の仕方

スマートフォンのメリット・デメリット

スマートフォンは1台でさまざまな機能があるので便利です。しかし、情報を見るためには画面を点灯させる必要があり、常に画面が光ることはデメリットにもなります。そのため、方位磁石や濡れても使えるメモ帳やペンなども用意しておくといいでしょう。

食べ物・飲み物を用意しよう

季節を問わず、エネルギー補給や水分補給ができるものは必ず持っていきましょう。夏は熱中症予防にも冷たい飲み物を、冬は寒さ対策として暖かい飲み物を用意しましょう。また、おやつも忘れてはいけません。特に寒い冬の時期は、甘いものやエネルギー補給ができるものを持っていると体力を維持するのに助かります。

しょう。

道具としては、一番便利なのはスマートフォンです。方位磁石機能やライト、メモなど、スマートフォン1台でできることがたくさんあります。暗順応に気をつけながら使いましょう。

また、長時間立ち続けると疲れてしまうので、折り畳み椅子やレジャーシートなど、何かしら座れるものも持っていきましょう。レジャーシートは一枚あるだけで夜露も防いでくれるので、過ごしやすくなります。

39

HOSHIZORA
KANSATSU
15
双眼鏡で星を見てみよう

　星空観察の道具としては、双眼鏡や天体望遠鏡があります。双眼鏡は、言わば小型の天体望遠鏡です。市街地の街明かりのある空でも、かなり暗い星まで見つけることができるようになります。肉眼ではわからなかった月の模様や、天の川の星々も見えます。
　手に持って使うので、大型の天体望遠鏡より扱いやすいのがメリットです。慣れてきて狙いを簡単につけることができるようになれば、見たい方向をすぐに見られます。

第2章 星空の観察の仕方

双眼鏡の使い方

①幅を合わせる

双眼鏡は真ん中で曲がるようになっています。その部分を折り曲げたり広げたりして、レンズの幅を自分の目の幅に合わせます。双眼鏡をのぞくと、像が丸く見えます。最初はその円が2つにダブって見えますが、だんだん幅をせまくしていき、円が1つに重なったら幅が合った状態です。

②ピントを合わせる

双眼鏡の真ん中にあるピントリングをまわします。左右の視力が異なる場合、右目を閉じて左目で見ながらピントリングをまわして左目のピントを合わせます。次に左目を閉じて右目で見ながら視度調節リングをまわして、右目のピントを合わせます。

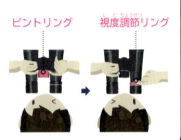

ピントリング　視度調節リング

持ち方のコツ

双眼鏡を両手で持ったとき、手が動いて手ブレしてしまうと、見えにくくなることがあります。双眼鏡を持ったら、脇をしめましょう。

　星を見るには、倍率が8倍程度、レンズの大きさは40mm前後、視界の広さが7〜8度がスペックとして適しています。双眼鏡には「8×42」など、数字が書いてあります。これは最初の数字が倍率、後ろの数字が口径（レンズの大きさ）を表しています。

　重さは種類によってちがいますが、長時間手に持つので、重すぎると大変です。小学校低学年の方なら、500gを切るくらいの小型の双眼鏡がいいでしょう。

41

天体望遠鏡で見てみよう

より多くの天体が見える

土星の環も見えるようになります。

M13 球状星団

逆さまに見える

肉眼で見たときの景色。

天体望遠鏡で見たときの景色。
上下左右が逆になる。

　天体望遠鏡は、他の道具では見えないほど暗い星を見るときなどに使います。肉眼や双眼鏡では光の点にしか見えない土星や木星も、望遠鏡を使うことで模様が見えたり、土星の環まで見ることができます。

　また、星雲・星団・銀河のような淡い天体は弱い光をたくさん集めなくてはいけないため、大きなレンズや鏡を備えた天体望遠鏡でようやく見えるようになります。
　天体望遠鏡で見た景色は180度回転

第2章 星空の観察の仕方

天体望遠鏡の使い方

1 ファインダーで見たい対象を最初にとらえる

望遠鏡を見たい方向に向け、ファインダーを除きます。微動ハンドルで動かして、ファインダーの十字線の中心に対象が来るように調節します。

2 ピントを合わせる

接眼レンズをのぞきながら、対象がはっきり見えるまでピントを合わせます。

3 対象の動きに合わせて向きを調節する

時間が経過して、対象が動いたら、微動ハンドルを使って、調節します。

4 倍率を上げる

対象を大きく見たいときは、接眼レンズを変えて倍率を上げます。

して上下左右が逆に見えます。肉眼で見たときとの見え方のちがいに注意しましょう。

　天体望遠鏡を使うときは、まずファインダーで見たい対象をとらえましょう。ファインダーとは、鏡筒についている小さい望遠鏡のことです。次に接眼レンズをのぞきながら、ピントを合わせます。しばらく観察していて、対象が動いたら、望遠鏡の向きを調節します。もっと大きく見たいときは、倍率を上げましょう。

43

天体望遠鏡の仕組み

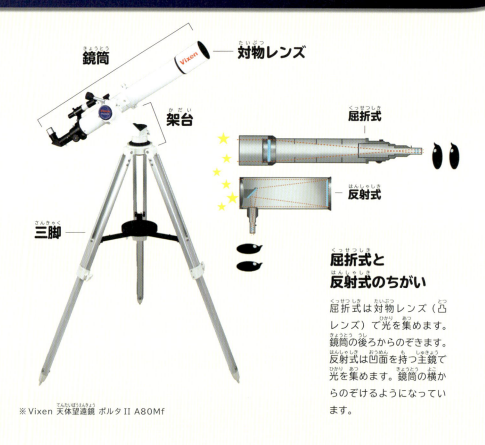

※Vixen 天体望遠鏡 ポルタⅡ A80Mf

屈折式と反射式のちがい

屈折式は対物レンズ（凸レンズ）で光を集めます。鏡筒の後ろからのぞきます。反射式は凹面を持つ主鏡で光を集めます。鏡筒の横からのぞけるようになっています。

　天体望遠鏡には「鏡筒」「架台」「三脚」の3つの部分があります。のぞいて天体を見る部分が鏡筒です。鏡筒には、光の集め方によって屈折式、反射式などの種類があります。屈折式と反射式が混ざった方式（カタディオプトリック式）もあります。

　鏡筒をのせて動かす部分を架台といいます。架台は鏡筒を上下左右に動かすことができる「経緯台」と、一度

第2章 星空の観察の仕方

経緯台
鏡筒を上下左右に動かすことができ、操作が簡単です。

赤道儀
経緯台より重いですが、高い倍率で観察するときや、写真撮影をしたいときに便利です。

※ Vixen 天体望遠鏡 SX2WL-R200SS

　設定すると自動で星を追ってくれる「赤道儀」があります。
　赤道儀は、赤道儀の軸が天の北極を指すように向きを調整する作業が必要で、使いはじめるときに設定が必要です。
　その代わり、天体の動きに合わせてモーターで鏡筒を動かし、まるで天体が動いていないかのように、見続けることができます。

45

HOSHIZORA KANSATSU
18

天体望遠鏡の練習方法

望遠鏡の練習方法

1 遠くの建物を入れてみる
まず、天体望遠鏡を水平方向に動かす練習です。水平に動かして、遠くにある建物を入れて見てみましょう。

2 高さのあるものを入れてみる
次に天体望遠鏡を縦方向に動かす練習です。高いビルや鉄塔などを、縦に動かして見てみましょう。

3 月を入れてみる
動かすのに慣れてきたら、月を見てみましょう。

4 空の見たいものを見てみる
月を見ることができるようになったら、自分が見たい天体を見てみましょう。

　天体望遠鏡の使い方や組み立て方は機種によってそれぞれ違うことがあるので、説明書をよく読んで行ってください。いきなり暗いところで組み立てるのは難しいので、明るいところで何度か練習しましょう。
　天体望遠鏡は上下逆さまに見えるので、いきなり星を見ようとしても、なかなか思った通りに動かすことができません。そこで、まずは水平方向、

注意する点

頭をぶつけないようにしよう
天体望遠鏡を組み立てているときなど、頭をぶつけないように注意しましょう。

片目で見よう
レンズをのぞくときは、片目を閉じて、片方の目でのぞきます。慣れないうちは、両目を開けてしまうことがあるので注意しましょう。片目を手で隠して、見ているほうの目をしっかり開くと、よく見えます。

楽な姿勢で見よう
高い位置にある天体を見るとき、望遠鏡をまっすぐのぞこうとすると、低い姿勢になる必要があります。楽な姿勢で見れるように、天頂プリズム（天頂ミラー）を使って、接眼レンズの向きを変えましょう。

横方向の動きから練習しましょう。水平に動かして、遠くにある建物を見てみましょう。

それから縦方向に動かします。鉄塔やビルなど、高さのあるものを見てみましょう。

次に、月を見てみましょう。月を簡単に入れられるようになれば、いろいろな天体を観察することができます。見てみたい天体を見てみましょう。

HOSHIZORA KANSATSU
19
安全な場所で見よう

広い公園や河川敷、校庭など、広くて視界がひらけている場所がおすすめです。また、街明かりや街灯が少ない場所だと、より星が見えやすいです。

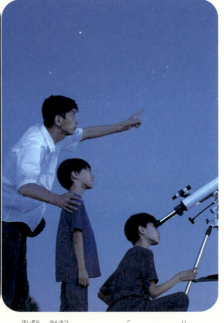

星空を観察するときは、子どもだけで行くと危険です。必ず保護者のかたと一緒に行きましょう。

星空観察をする際は、安全な場所で行うようにしましょう。夜中に行うため、子どもだけではなく必ず保護者がつき添ってください。

安全な場所かどうか、保護者が事前に確認しておきます。例えば、できるだけ暗い場所で、コンビニや交番など何かあったときに避難できる場所が近いかなど確認しましょう。

昼間は安全に見えても、夜になると

第2章 星空の観察の仕方

確認するポイント

1 コンビニなどが近くにあるか？

何か起きたときに駆け込めるような交番や、コンビニなどがあるか確認しましょう。

2 昼と夜で環境がちがうか？

昼は静かで車が通らない場所でも、時間帯によっては異なる場合があります。想定とちがう環境になる可能性もあるので、星空観察に適している場所か調べておきましょう。

3 夜でも明かりや人通りがある場所か？

まわりに人気が少なく人通りがあまりない場所は不審者がいたり、不良のたまり場になっていたりする可能性があります。明かりや人通りがまったくない場所は避けましょう。

不良のたまり場になっていたり、車の通りが激しかったりなど、昼夜で様子がちがうこともあるので、できるだけ情報を集めて注意してください。

また、私有地（個人が所有している土地）など、許可なく入ることを禁止されている場所には、勝手に入らないように気をつけましょう。

49

HOSHIZORA KANSATSU
20

天体写真を撮影してみよう

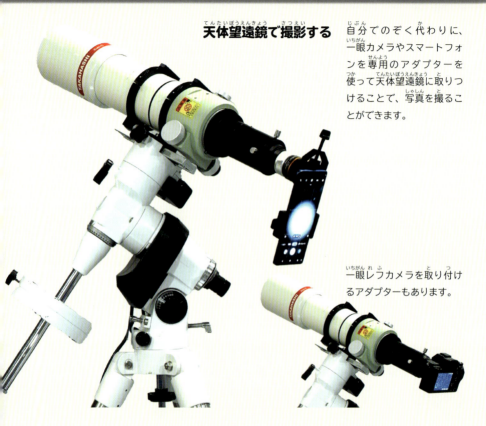

天体望遠鏡で撮影する

自分でのぞく代わりに、一眼カメラやスマートフォンを専用のアダプターを使って天体望遠鏡に取りつけることで、写真を撮ることができます。

一眼レフカメラを取り付けるアダプターもあります。

天体写真の最大のメリットは、後から振り返ることができる点にあります。その場ではどのような現象が起きているのかくわしく見ることができなくても、写真や動画であれば細部までじっくりと見ることが可能です。

また、例えば、赤外線のような光など人間の目ではとらえられない光や見えないものも、とらえられるというメリットもあります。目に見える光であっても、薄すぎたり暗すぎたりして見えないものを、ISO感度を高めたり、

第2章　星空の観察の仕方

スマートフォンで撮影する

天体望遠鏡がなくても、スマートフォンだけでも撮影することもできます。手に持つとブレてしまうので、動かないように固定して撮影しましょう。セルフタイマーを使って、カメラを上に向けて置き、撮影するのが簡単です。また、スマートフォン用の三脚や、カメラの三脚に取りつけられるアダプターなどもあります。固定することで専用の星座モードが使える機種もあります。

デジタル一眼カメラで撮影する

デジタル一眼カメラを三脚に取りつけて、天体へ向けます。カメラの設定をしてピントを合わせます。シャッターを押すときにブレないように、レリーズやスマホ連携、リモコンを使うといいでしょう。

露出の時間を長くすることで蓄積してわずかな光をとらえたり、画像処理でより鮮明にしたりすることができるのも写真の特徴です。そうすることで、まったく見えていなかった天体の姿を見ることができます。

天体望遠鏡や双眼鏡と、スマートフォンを組み合わせて使うこともできます。双眼鏡に取り付けるスマホ用のアダプターも販売されており、片方の目で双眼鏡をのぞきながら、もう片方で動画を撮影することもできます。

51

さまざまな機材

スマート望遠鏡

Seestar S50

望遠鏡やカメラと架台などが一体になったタイプの望遠鏡です。スマートフォンやタブレットとBluetoothなどで接続して、望遠鏡を操作したり、カメラでとらえた画像を映し出したりすることができます。

手づくりの望遠鏡キット

コルキットスピカ

自分でつくる「手づくり望遠鏡」です。小学校高学年であれば、失敗せずに1時間程度でつくることができます。

国立天文台望遠鏡キット

国立天文台がプロデュースした望遠鏡です。付属のガイドリングでスマートフォンでの撮影にも対応しています。（写真提供：国立天文台）

第2章 星空の観察の仕方

防振機能のついた双眼鏡

**Vixen 双眼鏡 ATERA II
H14 × 42WP**

手ブレ補正機構を搭載した双眼鏡です。星を観察する場合は、ブレがあるとよく見えませんが、手ブレ補正があるとより高い倍率ではっきりと観察できます。

小型・軽量な双眼鏡

**Vixen 双眼鏡 アリーナ
H+ 8 × 21WP**

手のひらサイズで、195gと軽量な双眼鏡。子どもでも使いやすいです。

Vixen 双眼鏡 SW10 × 25WP

超広角でありながらアイリーフ(目とレンズの距離)が長く、レンズから目を離しても双眼鏡の視界が見えやすいです。また防水設計のため、野外でも安心です。

天体用と地上用のちがいは?

天体用望遠鏡は高倍率でも解像度の高い像を得るために、レンズの数が少なく、そのため、上下左右が逆さまなのが特徴です。宇宙では上下左右はあまり気にしないです。しかし、野鳥などの野生動物の観察やアーチェリー・射撃などの標的確認に使用する地上用望遠鏡は、上下が逆さまだと使いにくいので、正立像(実際の物体と上下が一致している像)にするために、双眼鏡と同じようにプリズムを加えています。

**Vixen フィールドスコープ
ジオマ II ED67-S**

53

Column

星座早見とは？

　星座を探すときは、星座早見を使うと見つけやすいです。星座早見は星の位置と月日が書かれた円盤と、時間が書かれた円盤が重なり合っています。この円盤をまわして、観察したい日時に目盛りを合わせます。そして、頭の上にかざしてみると、そのときに見える星座がわかります。目盛りを動かしていくことで、時間が経つと星がどう動いていくかもわかります。

　星座早見はいろいろな種類や値段のものがありますが、いちばん安価なものでかまいません。

　また、インターネット上で使用できる星座早見や、星座の位置を教えてくれるスマートフォンのアプリがあるので、それらも活用してみましょう。

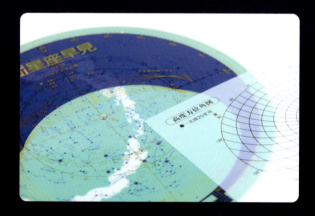

第3章

四季の星座を見つけよう

MEGASTAR-II A の星空（はまぎん こども宇宙科学館）

星座って何？

夜空に輝く星を見て、古来から人々は星と星を結んで絵を描く、星座を考えてきました。現在使われている星座は、およそ5000年以上昔の古代メソポタミア文明からはじまっています。やがてギリシャ文明へと伝わり、ギリシャ神話と密接に結びつきながらまとめられました。

紀元2世紀ごろのギリシャの天文学者プトレマイオス（英語名：トレミー）が書いた『メガレシンタクシス』（アルマゲスト）という書物には、

プトレマイオス

地球を中心とする天動説という昔の考え方で宇宙が説明されています。また、48の星座が記されており、「プトレマイオスの48星座」（トレミーの48星座）として、現在まで受け継がれて

第3章 四季の星座を見つけよう

メソポタミア文明は、アラビア半島のつけ根にあるチグリス・ユーフラテス川にはさまれた地域のこと。農業に適していたため、文明が早くから発達しました。

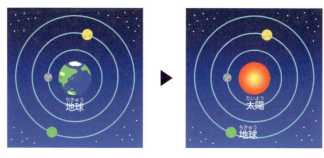

天動説　　　　　　　　　　　　　　　　　　地動説

天動説は地球が動かずに、すべての天体が地球のまわりをまわっているという考え方です。地球から夜空の星の動きを観察すると、そのように感じられるので、昔は信じられていました。現在は、地球は自転しながら、ほかの惑星とともに太陽のまわりをまわっているという地動説が正しいことが確かめられ、広く受け入れられています。

います。
　15世紀に大航海時代をむかえると、ヨーロッパの人々が南半球へと進出し、南天の星空も知られるようになりました。その後、勝手に星座がつくられたり、同じ場所に星座がいくつもあったりなど、混乱していた時代もありますが、1928年に国際天文学連合の会議で整理され、今では88星座にまとめられました。

57

誕生日の星座

HOSHIZORA KANSATSU 23

　テレビや雑誌などで、誕生日の星占い（星座占い）を一度は見たことがあると思います。星占いとは、西洋で古くから行われきた占星術をもとに発展して、現在もさまざまな形で親しまれています。

　この星占いに出てくる星座は、黄道十二星座を元にした黄道十二宮です。
　黄道とは、空の太陽の通り道です。その通り道にある星座を黄道十二星座といいます。太陽がその宮を通るころに誕生日がくると、その星座生まれと

第3章 四季の星座を見つけよう

	黄道十二星座	黄道十二宮	誕生日			掲載ページ
♈	おひつじ座	白羊宮	3/21	～	4/20	p.118
♉	おうし座	金牛宮	4/21	～	5/21	p.122
♊	ふたご座	双児宮	5/22	～	6/21	p.126
♋	かに座	巨蟹宮	6/22	～	7/22	p.78
♌	しし座	獅子宮	7/23	～	8/21	p.76
♍	おとめ座	処女宮	8/22	～	9/22	p.74
♎	てんびん座	天秤宮	9/23	～	10/23	p.90
♏	さそり座	天蠍宮	10/24	～	11/22	p.92
♐	いて座	人馬宮	11/23	～	12/22	p.94
♑	やぎ座	磨羯宮	12/23	～	1/20	p.100
♒	みずがめ座	宝瓶宮	1/21	～	2/19	p.104
♓	うお座	双魚宮	2/20	～	3/20	p.112

いうことになります。

　例えば、3月21日から4月20日が誕生日の人は、おひつじ座生まれとなります。

　ところが、その日に自分の星座を見ようと思っても、太陽があるため、誕生日の夜に見ることはできません。誕生日の3カ月くらい前の夜の早い時間に空を探すといいでしょう。自分の星座を知ることで、星空の観察がより楽しくなるでしょう。

HOSHIZORA KANSATSU
24
南天の星座とは？

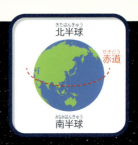

MEGASTAR-Ⅱ A の星空（はまぎん こども宇宙科学館）

　地球は大きく北半球と南半球に分けて考えることができます。赤道と呼ばれる線より上が北半球、下が南半球です。日本は北半球にあります。

　北半球と南半球にはいくつかちがいがあります。

　例えば、季節が逆になります。日本が夏の時期は、南半球に位置するオーストラリアでは冬になります。

　また、南半球から見る星座は、北半球

第3章 四季の星座を見つけよう

みなみじゅうじ座
十字架の形をしている星座です。
全天で最も小さいです。

レチクル座
望遠鏡の方向を合わせるための
照準器の形をした星座です。

コンパス座
測量用のコンパスの形をした星座
です。

くじゃく座
大きな尾羽根が特徴の孔雀の星座
です。

とは逆さまになって見えます。
　そして、南天の星座とは、天の南極近くにある星座のことです。
　88星座には南天の星座も含まれますが、日本からはなかなか見られないめずらしい星座がたくさんあります。なかにはカメレオン座、テーブルさん座、はちぶんぎ座のように日本からはまったく見えない星座もあります。

61

88星座一覧

春

星座名	一番明るい星
うしかい座	アークトゥルス
うみへび座	アルファルド
おおぐま座	アリオト
おとめ座	スピカ
かに座	タルフ
かみのけ座	かみのけ座β星
からす座	ギェナー
かんむり座	アルフェッカ
こぐま座	ポラリス
こじし座	プラエキプア
コップ座	コップ座δ星
しし座	レグルス
ポンプ座	ポンプ座α星
りょうけん座	コルカロリ
ろくぶんぎ座	ろくぶんぎ座α星

夏

星座名	一番明るい星
いて座	カウス・アウストラリス
いるか座	ロタネヴ

おおかみ座	おおかみ座α星
こぎつね座	アンサー
こと座	ベガ
さそり座	アンタレス
たて座	たて座α星
てんびん座	ズベンエスカマリ
はくちょう座	デネブ
へび座	ウヌクアルハイ
へびつかい座	ラスアルハグェ
ヘルクレス座	コルネファロス
みなみのかんむり座	メリディアナ
や座	や座γ星
りゅう座	エルタニン
わし座	アルタイル

秋

星座名	一番明るい星
アンドロメダ座	ミラク
うお座	アルフェルグ
おひつじ座	ハマル
カシオペヤ座	シェダル
くじら座	ディフダ
ケフェウス座	アルデミラン
けんびきょう座	けんびきょう座γ星
こうま座	キタルファ

第3章　四季の星座を見つけよう

さんかく座	さんかく座β星
ちょうこくしつ座	ちょうこくしつ座α星
つる座	アルナイル
とかげ座	とかげ座α星
ペガスス座	エニフ
ペルセウス座	ミルファク
みずがめ座	サダルスウド
みなみのうお座	フォーマルハウト
やぎ座	デネブアルゲティ

冬

星座名	一番明るい星
いっかくじゅう座	いっかくじゅう座β星
うさぎ座	アルネブ
エリダヌス座	アケルナル
おうし座	アルデバラン
おおいぬ座	シリウス
オリオン座	リゲル
ぎょしゃ座	カペラ
きりん座	きりん座β星
こいぬ座	プロキオン
ちょうこくぐ座	ちょうこくぐ座α星
とも座	ナオス
はと座	ファクト
ふたご座	ポルックス
ほ座	ほ座γ星
やまねこ座	やまねこ座α星
らしんばん座	らしんばん座α星

りゅうこつ座	カノープス
ろ座	ダリム

南

星座名	一番明るい星
インディアン座	インディアン座α星
がか座	がか座α星
かじき座	かじき座α星
カメレオン座	カメレオン座α星
きょしちょう座	きょしちょう座α星
くじゃく座	ピーコック
ケンタウルス座	リギル・ケンタウルス
コンパス座	コンパス座α星
さいだん座	さいだん座β星
じょうぎ座	じょうぎ座γ星
テーブルさん座	テーブルさん座α星
とけい座	とけい座α星
とびうお座	とびうお座γ星
はえ座	はえ座α星
はちぶんぎ座	はちぶんぎ座ν星
ふうちょう座	ふうちょう座α星
ぼうえんきょう座	ぼうえんきょう座α星
ほうおう座	アンカア
みずへび座	みずへび座β星
みなみじゅうじ座	アクルックス
みなみのさんかく座	アトリア
レチクル座	レチクル座α星

春の星座

寒い冬が終わり、だんだんと温かい日が増えてくる季節、
空を見上げると少しかすみがかったような空に
夜空の星々が見えます。
まず北斗七星を見つけてから、ほかの星を探してみましょう。

見やすい時間		
3月	1時ごろ
4月	23時ごろ
5月	21時ごろ

気をつけること　暖かくなったとはいえ、
夜はまだ冷える時期です。
上着を1枚はおるなど防寒をしましょう。

第3章 四季の星座を見つけよう

5月中旬午後9時頃 東京の星空
※惑星・月は表示していません。
Ⓒ 国立天文台

65

春の観察のポイント

① 北斗七星を目印にしよう

空の高いところに、ひしゃくを引っくり返したような、7つの星の並びがすぐに見つかると思います。この北斗七星の、ひしゃくの先の2つの星を結んで、5つ分のばした先にあるのが北極星です。北極星がある方角は必ず北になるので、方角を知りたいときに便利です。

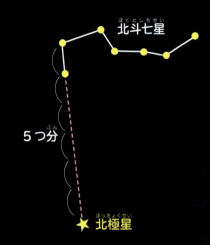

② 春の大曲線

北斗七星の柄の先からカーブにそって線をのばしていくと、オレンジ色の明るい星が見つかります。これはうしかい座のアークトゥルスです。さらに、アークトゥルスを通って先にのばしていくと、白く明るい星が見つかります。こちらはおとめ座のスピカで、この星たちを結ぶカーブを春の大曲線といいます。大曲線をのばした先には、小さな四角形が意外に見つけやすい、からす座も見つかります。

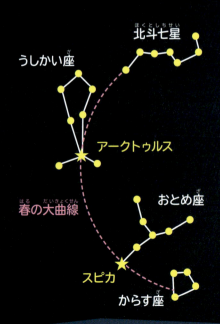

第3章 四季の星座を見つけよう

③ 春の大三角

春の大曲線上にあるアークトゥルスとスピカに加えて、少し西のほうにある2等星のデネボラの3つを結ぶと三角形になり、これを春の大三角といいます。デネボラはしし座のしっぽの部分になります。アークトゥルスとデネボラを三角形の底辺にして、頂点のスピカを反対側にたおすと、りょうけん座のコルカロリが見つかります。また、春の大三角の南には、うみへび座が見えます。

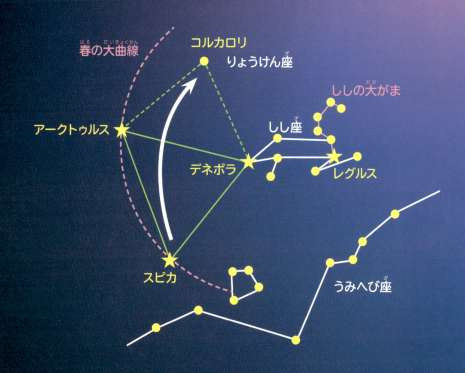

春の星座 ①

おおぐま座

ポイント！
M81銀河、M82銀河

ポイント！
北斗七星

ポイント！
ミザールとアルコル

ポイント！
M97（フクロウ星雲）

MEGASTAR-ⅡAの星空（はまぎん こども宇宙科学館）

第3章 四季の星座を見つけよう

北の夜空に見える
北斗七星が含まれる星座

　おおぐま座は全天88星座のなかで3番目に大きな星座で、一年を通して見ることができます。特に、春から夏にかけては高く昇り、とても観察しやすい星座です。

　北の夜空に、ひしゃくのような形のひときわ目立つ北斗七星がありますが、この北斗七星がおおぐま座のおしりからしっぽの部分になります。北斗七星の南に後ろ足があり、そこから先のほうにある2つの星のペアが足先になり、第1の足、第2の足と呼ばれます。さらに、頭のほうの南にも2つの星のペアがあり、第3の足と呼ばれます。

　ギリシャ神話では、おおぐま座はゼウスの寵愛を受けたニンフのカリストが、ゼウスの妻ヘラによって熊に変えられ、それをあわれんだゼウスによって天に上げられた姿とされています。

おおぐま座 の見つけ方

1. 北の方角を向き、ひしゃくを下に向けたような形をした北斗七星を探します。

2. 北斗七星のひしゃくの先の2つの星を結んでのばすと、北極星（こぐま座の一部）にたどり着きます。これによって北の方向を確認できます。

3. 北斗七星を見つけた後、北斗七星を基準にしてその周辺に広がる星々が、おおぐま座の残りの部分を構成します。

おおぐま座の主な天体

北斗七星の6番目の星を「ミザール」といいます。すぐ近くに「アルコル」という暗い星があり、目の良い人なら肉眼で見える二重星です。ほかにも頭部の近くにはM81銀河とM82銀河があり、腹部のあたりには惑星状星雲のM97（フクロウ星雲）があります。

M97（フクロウ星雲）

69

春の星座 2

こぐま座

ポイント! ポラリス（北極星）

こぐま座

おおぐま座

MEGASTAR-Ⅱ Aの星空（はまぎん こども宇宙科学館）

第3章 四季の星座を見つけよう

しっぽの先に北極星がある
小さな北斗七星のような星座

こぐま座は、北の空で一年中見ることができる星座です。おおぐま座と合わせて、古くから知られていました。北斗七星を小さくしたような形をしていて、「こびしゃく」という呼び名もあります。そのしっぽの先にポラリス（北極星）があります。

こぐま座は、そのポラリスを含む小さな星座で、北斗七星を見つけることで、こぐま座も簡単に見つけることができます。

ポラリスのほかに、2番目に明るい星をコカブ、3番目に明るい星をフェルカドといいます。

ギリシャ神話では、こぐま座のモチーフとなったのは、大神ゼウスを育てたニンフのキュストラが天に登った姿とされています。

こぐま座 の見つけ方

1. まず、北斗七星のひしゃくの先の2つの星を結んで5つ分のばしていくと、北極星にたどり着きます。

2. 北極星はこぐま座のしっぽの部分の星なので、北極星からほかの星をたどることで、こぐま座全体の形を確認することができます。

3. こぐま座の星は、肉眼で見える星はそれほど多くありませんが、双眼鏡や望遠鏡を使うと、より多くの星を観測することができます。北極星は、地球の自転軸の動きによって、少しずつ位置が変化しています。そのため、数千年後には別の星が北極星になるといわれています。

ポラリス（北極星）

こぐま座のしっぽの先にあたるポラリスは、現在、地球の北極点からほぼ真上の天の北極近くに位置するため、北極星と呼ばれています。ほぼ一年中同じ位置に見えるため、古くから航海や方角を知るための目印として利用されてきました。

春の星座 ③

うしかい座

ポイント！ イザール

ポイント！ アークトゥルス

MEGASTAR-Ⅱ A の星空（はまぎん こども宇宙科学館）

第3章　四季の星座を見つけよう

春の大曲線と
アークトゥルスが目印

　うしかい座は春から初夏にかけて見ることができる星座です。ネクタイを逆さまにしたような形が特徴です。

　北斗七星から、柄の部分をカーブに沿って伸ばしていくと、うしかい座で最も明るいアークトゥルスが見つかります。アークトゥルスはオレンジ色に輝く巨星です。

　市街地のような明るい場所では、アークトゥルスとイザールに右上の星を加えてへの字を結ぶと目印になります。

　ギリシャ神話では、おおぐま座になったカリストの息子のアルカスの姿とも、全知全能の神ゼウスと戦ったティタン族の巨人で、負けた後、天を支えるという罰を受けたアトラスの姿ともいわれています。

うしかい座 の見つけ方

うしかい座
北斗七星
りょうけん座
かんむり座
イザール
アークトゥルス

東　　南　　西

1　まず、北斗七星を見つけます。

2　北斗七星の柄の部分を、そのままカーブを描くように伸ばしていくと、オレンジ色の明るい星にたどり着きます。この星がアークトゥルスです。

3　アークトゥルスから北に向かって、ネクタイのような細長い形に並んでいるのがうしかい座です。

うしかい座の主な天体

うしかい座を見つける目印になるアークトゥルスは、全天で4番目に明るく見える恒星でおおぐま座を追うようにのぼってくることから、「クマの番人」という意味で名づけられました。うしかい座で2番目に明るいイザールは、オレンジ色の2等星と青い5等星が寄り添った二重星で、天文学者のシュトルーベは最も美しいものという意味の「プリケリマ」と呼びました。

73

春の星座 ④

おとめ座

ポイント！
アークトゥルス

ポイント！
おとめ座銀河団

ポイント！
スピカ

MEGASTAR-Ⅱ A の星空（はまぎん こども宇宙科学館）

第3章 四季の星座を見つけよう

春の大曲線を伸ばした
アークトゥルスの先に見える

　おとめ座は、南の空の低いところでうしかい座のアークトゥルス、しし座のデネボラと合わせて「春の大三角」を担うスピカという白く輝く1等星が目印です。スピカは、北斗七星の柄の部分からアークトゥルスへ続く春の大曲線をさらに伸ばしていくと見つかります。

　アークトゥルスとは「夫婦星」といわれます。ギリシャ神話では、農業の女神デメテル、もしくはその娘のペルセフォネがモデルであるという説があり、娘のペルセポネが冥府の王ハデスの妃になるときに、デメテルが別れを悲しんだことが四季のはじまりになったとする神話や物語があります。また、てんびん座の神話に出てくる正義の女神アストライアであるともいわれています。

おとめ座 の見つけ方

1. 北斗七星の柄の部分をカーブに沿って東へ伸ばしていくと、オレンジ色の明るい星アークトゥルスにたどり着きます。

2. アークトゥルスからさらにカーブを伸ばしていくと、白い星スピカが見つかります。

3. スピカを下の端にして、西側に大きくYの字に他の星を結んでいくと上半身になります。

4. スピカより東側にある星は足を表します。おとめ座の形が見えてきます。

おとめ座銀河団

　おとめ座の上半身のYの字の上側の方向には、おとめ座銀河団という銀河の大集団の中心部分があります。おとめ座銀河団はおよそ2000万光年以上の範囲に、約3500個以上の銀河が集まっているといわれています。望遠鏡や双眼鏡で、確かめることができます。おとめ座銀河団にあるM87銀河の、中心にある大質量ブラックホールのシャドウが2019年に世界ではじめて撮影されました。

75

春の星座 5

しし座

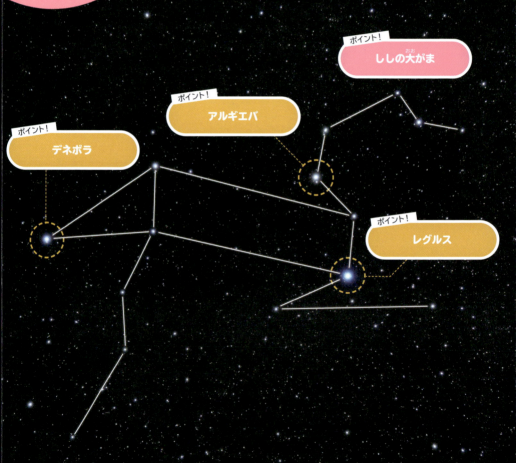

ポイント！
ししの大がま

ポイント！
アルギエバ

ポイント！
デネボラ

ポイント！
レグルス

MEGASTAR-II Aの星空（はまぎん こども宇宙科学館）

第3章　四季の星座を見つけよう

春の大三角形のひとつデネボラと1等星レグルスが目印

しし座は黄道十二星座の5番目の星座です。春から初夏にかけての夜空で最もよく見ることができます。特に4月〜5月頃は、しし座が南の空の高い位置にくるため、観察しやすい時期です。

しし座のしっぽの部分にあるデネボラは、春の大三角形をつくる星のひとつです。春の大三角形は、うしかい座のアークトゥルス、おとめ座のスピカ、そしてしし座のデネボラで構成されます。この三角形を頼りにしし座を探すことができます。

ギリシャ神話では、ネメアの森に住むというライオンで、英雄ヘラクレスが弓矢も武器も通じないこのライオンを素手で倒し、のちにヘラクレスとともに空に上げられ星座になったといわれます。

しし座の見つけ方

1. 春の大三角形を見つけます。そのなかのひとつがしし座のしっぽの部分に当たるデネボラです。

2. デネボラよりも西に「？」マークを左右にうらがえしたような星の並びがあります。この星の並びは「ししの大がま」と呼ばれていて、ライオンの頭とたてがみの部分を表しています。「？」の下の点に位置するのが、しし座の1等星であるレグルスで、南の高い空で一番明るい星です。

3. デネボラとレグルスの間に長方形に星を結ぶと胴体になり、少し暗い星で前足と後ろ足を描いたら、しし座の姿が表れます。

しし座のおもな天体

しし座の1等星レグルスは「小さな王」という意味を持ち、しし座の胸の辺りにあることから、「ししの心臓」という別名があります。また、レグルスの東側にあり、たてがみの位置にある2等星がアルギエバです。天体望遠鏡を使うと2つに見える春を代表する二重星で、黄色い星のペアです。

春の星座 6

かに座

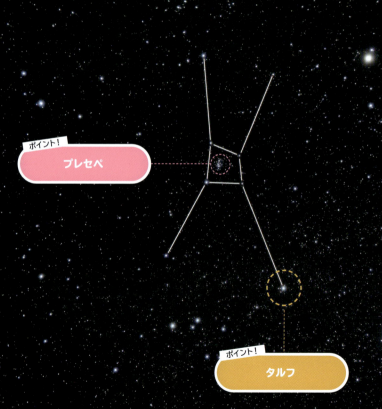

ポイント！
プレセペ

ポイント！
タルフ

MEGASTAR-II A の星空（はまぎん こども宇宙科学館）

第3章 四季の星座を見つけよう

中心にプレセペがある
黄道十二星座のひとつ

かに座は、黄道十二星座のひとつで、春の南の空を東から西へ横切るように動きます。構成する星が全体的に暗いため、都会の明るい夜空では見つけにくいかもしれません。

見つけるときは、かに座の近くにあるしし座のレグルスや、ふたご座の1等星ポルックスなど、明るい星を目印にしてみましょう。

かに座は、ギリシャ神話に登場する巨大な化けガニがモデルになっています。名前はカルキノスといい、英雄ヘラクレスがレルネの沼のヒドラという怪物を退治するときに、女神ヘラがヒドラの味方としてつかわしたのものです。ヘラクレスの足を挟もうとしましたが、ふみつぶされてしまいました。このカルキノスの勇気と忠誠心をたたえ、女神ヘラが空に上げ、星座にしたといいます。

かに座 の見つけ方

1. しし座の1等星レグルスを目印にして、その少し西側を探すと、かに座を見つけることができます。

2. ふたご座の1等星ポルックスを目印にして、その東側を探すと、かに座を見つけることができます。かに座はレグルスとポルックスのちょうど中間にあります。

3. かに座の中心部分には、プレセペと呼ばれる星の集まりがあります。双眼鏡で見ると、星の集まりとして観測でき、カニの甲羅のように見えることから、かに座を見つける手がかりになります。

かに座のおもな天体

かに座の中心部分にはプレセペと呼ばれる星団があります。双眼鏡や望遠鏡を使うと、星の集まりとして観測することができます。プレセペの北にある星に、「北のロバ」を意味するアセルスボレアリスがあります。南には「南のロバ」を意味するアセルスアウストラリスがあります。また、かに座で最も明るい星はタルフで、「ししが見ている方向」という意味です。

夏の星座

夏の星空で特徴的なのが、
七夕の物語の舞台である天の川です。
天の川の周辺には織姫星と彦星のほかにも、
明るい星がたくさん見えます。

見やすい時間

6月	23時ごろ
7月	21時ごろ
8月	19時ごろ

気をつけること　夏は昼の明るい時間が長いので、星が見えるのは遅い時間になってしまいます。また、薄着で虫にさされないように注意しましょう。

第3章 四季の星座を見つけよう

7月中旬午後9時頃 東京の星空
※惑星・月は表示していません。
© 国立天文台

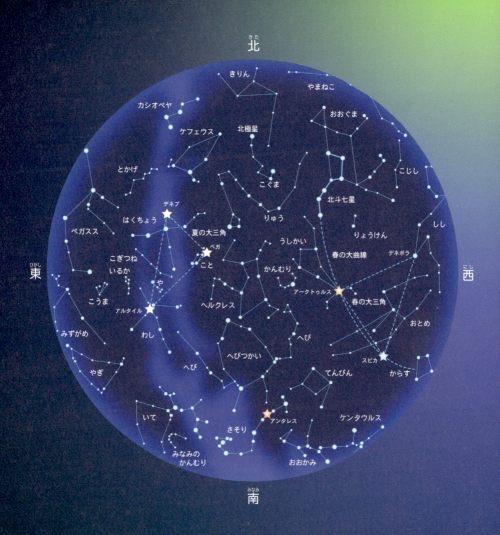

81

夏の観察のポイント

① 夏の大三角が目印

東を向き、地平線から真上まで空を見上げると、明るい星がたくさん見つかります。その一番高いところで最も明るい星がこと座のベガです。次に明るいのがわし座のアルタイル。そして、北側に3番目に明るいはくちょう座のデネブがあります。この3つを結ぶと、夏の大三角になります。

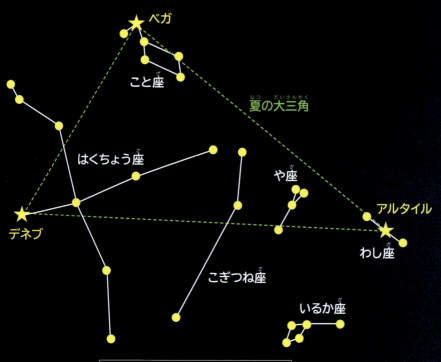

東を向いて見上げた空

第3章 四季の星座を見つけよう

② 大三角をたおす

ベガとアルタイルを三角形の底辺にして、頂点のデネブを反対側にたおしてみましょう。その辺りにへびつかい座のラスアルハゲが見つかります。そのすぐ西には、ヘルクレス座のラスアルゲチという星が見つかります。

③ 天の川周辺の星座

天の川にそってはくちょう座、こと座、わし座、いて座、さそり座、みなみのかんむり座など夏の夜空を彩るさまざまな星座が見つかります。

夏の星座 1

こと座

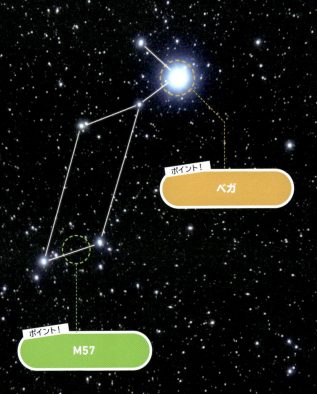

ポイント！
ベガ

ポイント！
M57

MEGASTAR-ⅡA の星空（はまぎん こども宇宙科学館）

第3章 四季の星座を見つけよう

七夕伝説の織姫星で有名なベガがある星座

　こと座は、夏の夜空でひときわ輝くベガ（織姫星）を頂点とする小さな星座です。平行四辺形のような形で、竪琴の形をしていることから名付けられました。

　ベガは、わし座のアルタイル、はくちょう座のデネブとともに「夏の大三角」と呼ばれる大きな三角形をつくります。夏の大三角は、夏の夜空の目印として知られています。

　こと座はギリシャ神話の音楽の名人オルフェウスが奏でた竪琴が描かれています。最愛の妻エウリュディケを亡くしたオルフェウスは、彼女を冥界から連れ戻そうとします。冥王ハデスに助けを求め、美しい音楽を奏でますが、冥界から帰る途中で約束を破ってしまい、エウリュディケを再び失ってしまいます。そのオルフェウスの竪琴が天に上げられ、こと座になったといわれています。

こと座 の見つけ方

1. 真上を見上げます。一番明るい星がベガです。真上といわれても、首だけで上を向いたのでは見つけられません。全身でのけぞるように大きくしっかりと真上を見上げてください。

2. ベガを中心に、小さな平行四辺形のような星の並びを探します。この平行四辺形を結んでできるのがこと座です。

こと座のおもな天体

　ベガは七夕の伝説の織姫星として知られています。こと座で最も明るい星で、全天で5番目に明るいです。そのベガから平行四辺形の遠いほうの辺のまんなか辺りにあるのがM57です。リング星雲、または環状星雲と呼ばれる惑星状星雲です。

85

夏の星座 ❷

わし座

ポイント！ タラセド

ポイント！ アルタイル

ポイント！ アルシャイン

MEGASTAR-Ⅱ Aの星空（はまぎん こども宇宙科学館）

第3章　四季の星座を見つけよう

彦星として有名なアルタイルを持つ星座

わし座は、夏の夜空でひときわ輝く1等星アルタイルが特徴的な星座です。

全天で13番目に明るい恒星です。日本では七夕伝説の彦星としても知られています。また、中国でも七夕の「牽牛」の星として親しまれています。

こと座のベガ、はくちょう座のデネブとともに夏の大三角を形成しています。

わし座に描かれているのは、ゼウス自身が変身したワシの姿とも、ゼウスの使いをつとめる巨大なワシの姿ともいわれます。

トロイアの王子ガニメデスをゼウスとヘラの娘ヘーベーに代わってみずがめ座の水がめを預かる役目を任せるために、天界へ導いたワシの姿とされています。

わし座の見つけ方

1. 夏の大三角を探し、三角のうち、南東側にあるアルタイルを探します。

2. アルタイルと両わきの星の3つが、ワシの首から頭になります。まわりの3等星を結び、広げた翼と尾羽になります。

※こと座のベガとわし座のアルタイルの間には、天の川をはさんでいます。

わし座のおもな天体

アルタイルは「飛ぶワシ」という意味で、アルタイルを中心に両側にある、アルシャインとタラゼドで翼を広げて舞い上がるワシとされました。こと座のベガには「降りるワシ」という意味があり、近くの2つの星を結んだ小さな三角形で急降下するワシを表しました。アラビアでは、アルタイルとベガを合わせて「2つのワシの星」とされていました。

87

夏の星座 3

はくちょう座

ポイント！
デネブ

ポイント！
サドル

ポイント！
アルビレオ

MEGASTAR-ⅡA の星空（はまぎん こども宇宙科学館）

第3章 四季の星座を見つけよう

夏の大三角のひとつ
デネブが目印の星座

はくちょう座は、夏の夜に見上げる北の空で大きな十字を形づくる美しい星座です。冬の宵の空では、地平線に大きな十字が立つように見える特徴的な姿から「北十字」とも呼ばれています。

しっぽの部分に輝く1等星がデネブで、「尾」という意味があります。すぐ南にある星がサドルで胴体部分、さらに先にあるアルビレオがくちばし部分になります。

はくちょう座は美麗なスパルタ王妃レダに恋をしたゼウスが、白鳥の姿に変身してレダのもとを訪れ、二人が結ばれたという物語です。この物語では、はくちょう座はゼウスが変身した白鳥の姿だとされています。

はくちょう座 の見つけ方

1. まず、夏の大三角であるベガ、アルタイル、デネブの3つの星を探します。

2. デネブは、はくちょう座のしっぽの部分にあたります。デネブから大三角の内側に向かって、十字の形をたどっていくと、はくちょう座全体を見つけることができます。はくちょう座は天の川のなかに位置しています。

3. ベガとアルタイルを結んだ真ん中辺りに、くちばしにあたるアルビレオがあります。

はくちょう座のおもな天体

はくちょう座の尾にあたる最も明るい星がデネブです。夏の大三角の一角をなし、とても明るく輝いています。はくちょう座の中心付近にある星がサドルです。はくちょう座のくちばしにあたる二重星がアルビレオです。望遠鏡で見ると、オレンジ色と青色の星が寄りそっている様子が美しく、天上の宝石とも呼ばれています。

夏の星座 ❹

てんびん座

ポイント！
ズベンエスカマリ

ポイント！
ズベンエルハクラビ

ポイント！
ズベンエルゲヌビ

ポイント！
アンタレス

MEGASTAR-ⅡA の星空（はまぎん こども宇宙科学館）

第3章　四季の星座を見つけよう

おとめ座とさそり座の間にある
逆くの字の星座

　てんびん座は、黄道十二星座の第7番目の星座です。人や動物が描かれることが多い黄道十二星座のなかで唯一の道具の星座で、ギリシャ神話の正義の女神アストライアが持っている天秤がモチーフとなっています。天秤は人の善悪をはかるのに使ったといわれます。また、女神アストライアはおとめ座として描かれているといわれます。

　おとめ座のスピカとさそり座のアンタレスの中間にあります。

　明るい星が少ないですが、「く」の字を左右反対にした形に並んでいる3つの星で、てんびん座が形づくられます。

　古代ギリシャではさそり座の爪の一部とされていましたが、紀元前2～1世紀頃にてんびん座として形づくられました。

てんびん座 の見つけ方

1. てんびん座は、おとめ座とさそり座の間に位置しています。南の空にこの2個の星座を目印に探します。

2. スピカとアンタレスの中間にあるのが、てんびん座です。アンタレスからさそりの頭の3つの星をそれぞれ結んで伸ばすと、てんびん座の3つの星が見つかります。

てんびん座のおもな天体

　てんびん座で最も明るい星がズベンエスカマリです。緑色に見えるという人もいますが、実際には白っぽい星です。そのほか、ズベンエルゲヌビとズベンエルハクラビと合わせて3つの星を結びます。さそり座の爪の一部とされていたことから、ズベンエスカマリは「北の爪」、ズベンエルゲヌビは「南の爪」という意味を持っています。

91

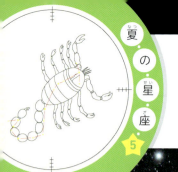

夏の星座 5

さそり座

ポイント！ アンタレス

ポイント！ M6

ポイント！ M7

MEGASTAR-ⅡA の星空（はまぎん こども宇宙科学館）

第3章 四季の星座を見つけよう

アンタレスとS字に並ぶ星が印象的な星座

さそり座は、黄道十二星座のひとつで、赤く輝く1等星アンタレスがあります。さそり座の心臓にあたり、その赤い色から、火星と比較されることもあります。そのアンタレスのすぐ右側（西側）に、縦に3つの星が並んでいて、それが頭の部分になります。また、アンタレスから左下にS字に星が並んでいるのが印象的です。

毒針があるしっぽを持つ姿で、ギリシャ神話ではオリオンを刺してたおしたサソリとして描かれています。

日本では夏に見やすい星座として知られています。南の空の低いところに現れます。水平線に釣り針をおろしているようにも見えることから、日本では「たい釣り星」「魚釣り星」と呼ぶ地域がありました。

さそり座 の見つけ方

東　　　南　　　西

1. 南の地平線近くを見ます。赤く輝くアンタレスを探します。

2. アンタレスの右側（西側）に、縦に並んでいる3個の星を探します。さそり座の頭の部分になります。

3. さそり座の頭からアンタレスを通って、S字に星を結んでいくと、さそり座の形が見えてきます。

※天の川を頼りに探す方法もあります。天の川を南に下った右側に、赤いアンタレスが見つかります。

さそり座のおもな天体

アンタレスは全天で15番目に明るい恒星です。アンタレスという名前には「火星に反抗する者」という意味があります。アンタレスと火星は明るさを競うように、およそ2年ごとに接近します。ほかにも明るい星が多いです。さそり座のしっぽの先端にあるシャウラと、しっぽのなかほどにあるサルガスは2等星です。しっぽの先にある散開星団のM6、M7は双眼鏡で美しく見えます。

いて座

夏の星座 6

ポイント！ M20

ポイント！ M8

ポイント！ 南斗六星

MEGASTAR-II A の星空（はまぎん こども宇宙科学館）

第3章 四季の星座を見つけよう

さそり座をねらうように弓をかまえる姿が特徴的

いて座は、黄道十二星座の第9番目の星座です。いて座の方向には、天の川銀河の中心があります。そのため、星がたくさん集まっており、双眼鏡や望遠鏡で見ると星雲や星団など、たくさんの天体を見ることができます。

ギリシャ神話に登場するケンタウルス族のケイロンがモデルとされています。ケンタウルス族は上半身が人間、下半身が馬といわれています。そのケイロンが弓を引いている姿を表したのがいて座です。

さそり座のすぐ東にあり、まるで弓矢でサソリを後ろからねらっているように見えます。また、いて座の肩から弓の上への6つの星の並びは、北斗七星とよく似たひしゃくを伏せたような形から「南斗六星」と呼ばれています。

いて座 の見つけ方

東　　南　　西

1. 南の地平線近くを見て、明るくて赤い星アンタレスがあるさそり座を見つけます。

2. さそり座のすぐ東にある、いて座の南斗六星を探します。

3. 天の川を南の地平線に向かってたどってみましょう。天の川が濃くなるあたりに、いて座の弓の部分があります。

いて座のおもな天体

北斗七星のように、ひしゃくを伏せた形をしていることから、肩から弓の上の部分の6つの星は南斗六星と呼ばれています。また、いて座で最も明るい星で、弓の南側の部分にあたる星をカウス・アウストラリスといいます。散光星雲のM8 ラグーン星雲や、白鳥のように見えるM17 オメガ星雲、M20 三裂星雲をはじめ球状星団のM22、M55 など天の川のなかにたくさんの星雲や星団があります。

95

秋の星座

だんだんと夕暮れが早くなる秋は、
比較的早い時間から星を見ることができます。
また、夏と秋の星座を同時に楽しめる季節でもあります。

見やすい時間	9月　　22時ごろ
	10月　　20時ごろ
	11月　　18時ごろ

気をつけること　昼間は暖かくても、陽が沈むと
急に寒くなる日が増えてきます。
上着の準備を忘れないようにしましょう。

第3章 四季の星座を見つけよう

10月中旬午後8時頃 東京の星空
※惑星・月は表示していません。
Ⓒ 国立天文台

秋の観察のポイント

1 夏の大三角からたどってみる

秋になっても、まだ夏の大三角から見つけられる秋の星座があります。ベガとアルタイルを結んで、アルタイル側におよそ2倍にのばした辺りに、下向きの三角形に星が並んでいるのがわかります。これがやぎ座です。

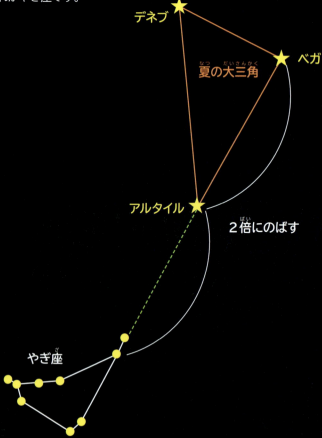

第3章 四季の星座を見つけよう

2 秋の四角形からほかの星を探す

南を向いて空を見ると、四角形に並んでいる星たちが見つかります。この四角形は秋の四角形（ペガススの四辺形ともいう）と呼ばれ、ペガスス座の体の部分になります。四角形の北東の星から東側に4つ星が続く辺りはアンドロメダ座です。西側の辺を結び、地平線に下ろしていくと、みなみのうお座のフォーマルハウト、東の辺を結んで地平線に下ろしていくと、くじら座のディフダが見つかります。

3 カシオペヤ座からほかの星を探す

アンドロメダ座のすぐ北にある、M字に並んだ5個の星がカシオペヤ座です。カシオペヤ座の北西にはケフェウス座、東にはペルセウス座が見つかります。

99

秋の星座 ①

やぎ座

ポイント！
アルゲディ

ポイント！
デネブアルゲディ

ポイント！
フォーマルハウト

MEGASTAR-II A の星空（はまぎん こども宇宙科学館）

第3章 四季の星座を見つけよう

暗くて観察が少し難しい
逆三角形の星座

やぎ座は、黄道十二星座の第10番目の星座です。秋の夜空で見られ、比較的暗い星が多いため観察が少し難しいですが、南の空に見える下向きの三角の形が特徴的です。

やぎ座のなかで最も明るい星は3等星のデネブアルゲディで、やぎ座の尾に位置しています。

普通のやぎの姿ではなく、上半身がやぎで、下半身が魚という不思議な姿に描かれています。これはギリシャ神話に登場する牧神パンが怪物テュポンから逃れるために、やぎに変身して走って逃げるか、魚に変身して川を泳いで逃げようか迷ってあわてたため、おかしな姿に変身してしまったといわれます。

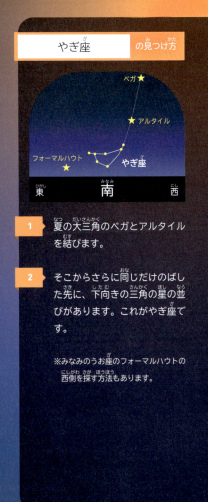

1 夏の大三角のベガとアルタイルを結びます。

2 そこからさらに同じだけのばした先に、下向きの三角の星の並びがあります。これがやぎ座です。

※みなみのうお座のフォーマルハウトの西側を探す方法もあります。

肉眼で見える二重星「アルゲディ」

やぎ座の頭の部分にあるアルゲディという星は、「子やぎ」という意味があります。2つの星が近くにあるように見える二重星で、肉眼でも見分けられる星です。市街地ではなく、暗い場所へ行ったときにはぜひチャレンジしてみましょう。

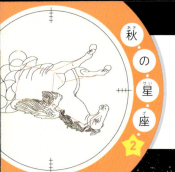

秋の星座 ②

ペガスス座

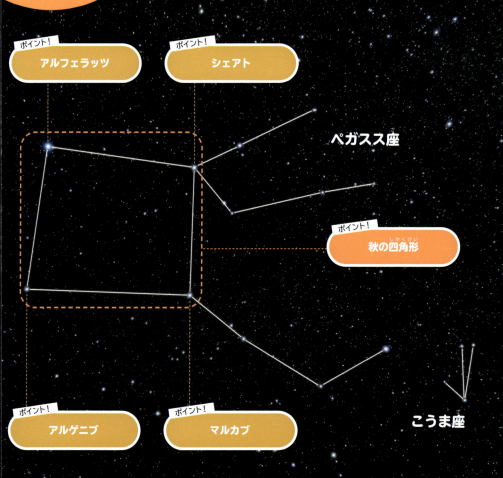

ポイント！ アルフェラッツ
ポイント！ シェアト
ペガスス座
ポイント！ 秋の四角形
こうま座
ポイント！ アルゲニブ
ポイント！ マルカブ

MEGASTAR-ⅡA の星空（はまぎん こども宇宙科学館）

秋の星座を探す目印になる
秋の四角形

　ペガスス座は、秋の夜空に広がる大きな星座で、全天で7番目に大きいです。「秋の四角形」と呼ばれる4つの星（シェアト、マルカブ、アルゲニブ、アルフェラッツ）で形づくられていますが、アルフェラッツは実際にはアンドロメダ座に属します。この四角形はペガススの胴体部分を形づくり、上下逆さまに天馬の姿を描きます。ギリシャ神話の英雄ペルセウスがメドゥーサを倒した際、その血から生まれた、翼を持つ天馬ペガススに由来します。

　日本では四角形を旗、アンドロメダ座の星の並びを旗ざおに見立てて、「旗星」と呼ぶ地域がありました。

　また、1995年にはペガスス座51番星ではじめて太陽系外惑星が発見され、天文学的にも重要な星座として注目を集めました。

ペガスス座の見つけ方

1 南の空の頭上高くを見上げ、四角形を形づくる4個の明るい星「秋の四角形」を探します。

2 ペガスス座の頭部と前足にあたる部分は、秋の四角形の西側に並んでいます。

※ペガススの頭の西側に「こうま座」があります。

ペガスス座のおもな天体

　ペガスス座のすぐ西側、頭の先にある星座がこうま座で、全天で2番目に小さい星座です。ペガススの兄弟にあたるケレリスの姿だといわれています。ペガススと並んで走る小馬の姿で描かれます。

秋の星座 3

みずがめ座

みずがめ座

ポイント！
フォーマルハウト

みなみのうお座

第3章　四季の星座を見つけよう

みずがめ座から流れる水を受け止めるみなみのうお座

　みずがめ座は、黄道十二星座のひとつで、第11番目の星座です。ギリシャ神話ではトロイアの王子ガニメデスが水がめをかたむけて、水を流している姿で描かれます。

　起源は古く、古代エジプトではナイル川の増水や恵みを司るハピ神の姿として描かれました。

　水が流れ落ちる先には、みなみのうお座があります。みなみのうお座はフォーマルハウトという明るい1等星があり、アラビア語で「魚の口」という意味です。日本では「南のひとつ星」と呼ばれた地域もありました。秋の星座とされる星々のなかでは唯一の1等星で、まわりに明るい星が少ないため、秋の南の夜空で一際目立ちます。

みずがめ座 の見つけ方

1. 秋の四角形の西側の辺を地平線に向かってのばします。そこに、みなみのうお座のフォーマルハウトを見つけます。

2. 秋の四角形とみなみのうお座の間にある、Y字型の星の並びを探します。

3. Y字からフォーマルハウトにつながる2つの星の並びがみずがめ座の流れる水の部分です。

フォーマルハウト

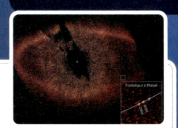

　みなみのうお座の目印であるフォーマルハウトには、周囲にちりが集まった円盤があります。ハッブル宇宙望遠鏡の2004年と2006年の観測によって、太陽系外の惑星を直接撮影することにはじめて成功しています（写真の右下に小さく囲んだ部分に惑星の像の拡大図を表示）。

秋の星座 4

アンドロメダ座

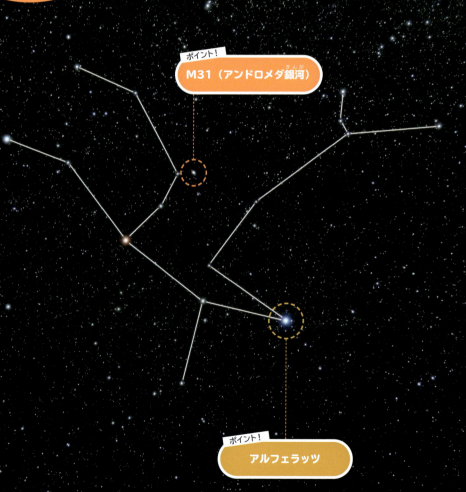

ポイント！
M31（アンドロメダ銀河）

ポイント！
アルフェラッツ

MEGASTAR-II A の星空（はまぎん こども宇宙科学館）

第3章 四季の星座を見つけよう

ペガスス座と接した位置にあり有名な銀河を含む星座

　アンドロメダ座は、秋の夜空でより目立つ星座で、3等星以上の星を4個含んでいます。
　この星座は、秋の四角形からのびるように位置し、北東方向にのびる形をしています。アンドロメダ座のなかで最も明るい星はアルフェラッツで、「馬のへそ」という意味があります。古くはペガスス座とアンドロメダ座の両方に属す星とされていましたが、すべての星が1つの星座に所属するようになったことで、現在はアンドロメダ座となっています。
　アンドロメダ座は、古代エチオピアの美しい王女アンドロメダに由来し、神々の怒りによって、いけにえに選ばれたため、くさりにつながれた姿で描かれます。

アンドロメダ座 の見つけ方

1 秋の四角形の北東の星アルフェラッツを探します。

2 秋の四角形の北東方向にのびる星々がアンドロメダ座の特徴的な形をつくっています。となりに少し暗い星をもう一列結んで「A」の形に結ぶと体の部分になります。

※秋から冬にかけて、アンドロメダ座は夜空の高い位置に昇るため、観察が特にしやすいです。

M31（アンドロメダ銀河）

　アンドロメダ座はM31（アンドロメダ銀河）を含んでいることでも有名です。この銀河は望遠鏡や双眼鏡がなくても、地球から肉眼で見える最も遠い天体のひとつです。約250万光年離れた場所にあります。銀河のなかでは観察しやすいため、星空観察の対象として人気があります。

107

秋の星座 5

ペルセウス座

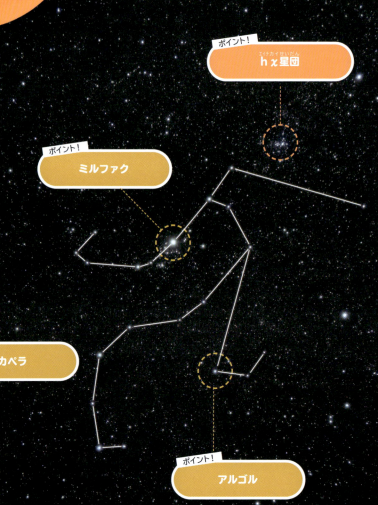

ポイント！
hχ星団

ポイント！
ミルファク

ポイント！
カペラ

ポイント！
アルゴル

MEGASTAR-Ⅱ Aの星空（はまぎん こども宇宙科学館）

第3章 四季の星座を見つけよう

剣とメドゥーサの頭を持つ
英雄の姿が描かれる星座

ペルセウス座は、秋から冬にかけて見られる星座で、3等星以上の星を含む中型の星座です。

この星座は、ギリシャ神話の英雄ペルセウスにちなんで名付けられており、彼が古代エチオピアの王女アンドロメダを救うためにくじら座として描かれた海の怪物ケートスを倒した英雄譚が関連しています。

ペルセウス座のなかで最も明るい星はミルファクで、体の部分にあります。まわりには天の川の微光星を背景にミルファクをとり囲むように、「mel20」という散開星団があります。ミルファクもこの散開星団のメンバーです。双眼鏡でながめることができます。

ペルセウス座 の見つけ方

1. アンドロメダ座の体の部分の星を北にのばした先にペルセウス座があります。

2. ミルファクを中心に、周囲の星々がゆるやかに漢字の「人」の形に連なっているのがわかります。

3. ペルセウスがもつ剣の切っ先の部分は、アンドロメダ座の足元にあります。

※秋から冬にかけて夜空で高い位置に昇り、特に明るく見える時期には観察がしやすいです。

二重星団 h χ

ペルセウス座の剣を振り上げた腕の先、カシオペヤ座との間にある散開集団です。2つの散開集団がとても近く寄り沿った姿から、二重星団と呼ばれ、双眼鏡で見ると、とても美しい天体です。

秋の星座 6

カシオペヤ座

カシオペヤ座

ケフェウス座

MEGASTAR-Ⅱ Aの星空 (はまぎん こども宇宙科学館)

第3章 四季の星座を見つけよう

周極星として一年を通して見ることができる星座

カシオペヤ座は、北の空に位置する星座で、5個の星がW字またはM字の形に並んでいるのが特徴です。

Mの形をヤマガタボシと呼んだ地域やWの形をイカリボシと呼んだ地域がありました。カシオペヤ座は、北極星に近い位置にあるため、周極星として一年を通して見ることができます。特に秋から冬にかけては高い位置に昇るため、観測しやすい星座のひとつです。

ギリシャ神話では、古代エチオピア王妃カシオペヤが神々に罰せられ、椅子に座ったまま星座になったとされています。カシオペヤ座はまた、プトレマイオスの48星座のひとつとしても知られており、古くから方向を知る目印としても利用されてきました。

カシオペヤ座 の見つけ方

1. 北の夜空に5個の星がM字またはW字の形に並んでいる部分を探します。

2. 秋から冬にかけて夜の早い時間に観察しやすくなります。

ケフェウス座

カシオペヤの夫で、古代エチオピアの国王であるケフェウスも星座になっています。カシオペヤ座と北極星の間の西よりにある、五角形の星の並びがケフェウス座です。

秋の星座 7

うお座

ポイント！
秋の四角形

MEGASTAR-II A の星空（はまぎん こども宇宙科学館）

第3章　四季の星座を見つけよう

2匹の魚がリボンで
つながれた姿の大きな星座

　うお座は、黄道十二星座の12番目の星座です。大きな星座ですが、3等星以上の明るい星を含まないため、肉眼で観察するのがやや難しい星座です。

　ペガスス座とくじら座の間に位置し、2匹の魚がリボンで結ばれているような姿で描かれているのが特徴です。

　古代メソポタミアの時代にその起源を持つ非常に古い星座で、紀元前3世紀頃にはすでに知られていました。ギリシャ神話では、愛と美の女神アフロディーテとその息子エロスが怪物テュホンから逃れるために魚に変身し、その姿が星座になったとされています。

| うお座 | の見つけ方 |

東　　　南　　　西

1 空高くを見上げ、秋の四角形を探し、その南東方向に目を向けます。四角形の南側に暗い星がラグビーボールのような、楕円形に並んでいます。

2 暗い星が緩やかに曲がった線を形成して、ひらがなの「く」の字になっている部分を見つけたら、これがうお座の一部です。

3 四角形の東側にリボンで結ばれた二匹目の魚を表す星々を確認することで、うお座全体の形が見えてきます。

春分点とうお座

　地球は1年をかけて太陽のまわりを1周していますが、その地球から見た天球上の太陽が通る道を「黄道」といいます。また、地球の赤道を天までずっとのばしたものを「天の赤道」といいます。黄道と天の赤道が南から北に交わる点を「春分点」といいます。春分点は黄道に沿って約2万6000年周期で移動します。現在春分点の方向にある星座がうお座です。

冬の星座

冬は夜が長くなり、
明るくきらきら輝く星がたくさん見えるので、
星空観察に適した季節です。その反面、
野外での星空観察にとって冬の寒さは注意が必要です。

見やすい時間	
12月	22時ごろ
1月	20時ごろ
2月	18時ごろ

気をつけること 　冬の夜はとても寒いです。
防寒着や使い捨てカイロなど
寒さ対策をしましょう。また、
空気が乾燥して風邪を引きやすいので、
うがい・手洗いも大切です。

第3章 四季の星座を見つけよう

1月中旬午後8時頃 東京の星空
※惑星・月は表示していません。
Ⓒ 国立天文台

冬の観察のポイント

1 オリオン座が目印

冬の夜空を見上げてすぐに目に入るのがオリオン座です。2個の1等星ベテルギウスとリゲルに、2個の2等星を結んで四角形をつくり、まんなかに3個の2等星が並んだ星座です。この三つ星を結んで、西にのばしていくと、オレンジ色をしたおうし座のアルデバランが見つかります。反対に、東に三つ星を結んだ線をのばしていくと、おおいぬ座のシリウスが見つかります。

第3章　四季の星座を見つけよう

② 冬の大三角

シリウスとベテルギウスを結び、そしてもう1つ星を結んで三角形をつくろうと探してみると、こいぬ座のプロキオンが見つかります。この三角形が、冬の大三角です。ベテルギウスとプロキオンを底辺として、頂点のシリウスを反対側にたおすと、ふたご座のポルックスが見つかります。そのすぐ横には同じくふたご座のカストルもあります。今度はポルックスとベテルギウスを結んで、プロキオンを反対側にたおすと、その少し先にぎょしゃ座のカペラが見つかります。

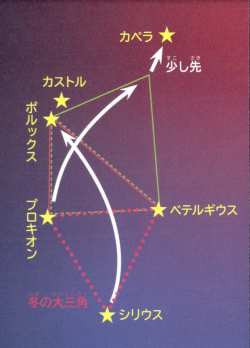

③ 冬のダイヤモンド

ぎょしゃ座のとなりには、おうし座があります。ここまで見てきたベテルギウスを中心に、アルデバラン、リゲル、シリウス、プロキオン、ポルックス、カペラの7個の1等星を結んだ形を、冬のダイヤモンドといいます。

117

冬の星座 ①

おひつじ座

さんかく座

ポイント！
ハマル

おひつじ座

ポイント！
シェラタン

第3章　四季の星座を見つけよう

秋から冬にかけて姿を現す星座

　おひつじ座は、黄道十二星座の第1番目の星座です。秋から冬にかけて姿を現します。特徴はつえのように細く曲がった形です。おひつじ座の最も明るい星は、2等星のハマルで、おひつじ座の頭部に位置しています。

　また、もうひとつの明るい星であるシェラタンは、ハマルとともにおひつじ座の頭を形成しています。

　おひつじ座の羊は、ギリシャ神話に登場する黄金の毛皮を持つ羊とも、ゼウスが変身した姿ともいわれています。

　古代から知られており、占星術においても重要な星座とされています。占星術が成立した紀元前の時代には、春分点がおひつじ座のあたりにありました。

おひつじ座 の見つけ方

1　秋の四角形の北側の2個の星を結んで、東におよそ2倍のばしたあたりにあります。

2　つえのように曲がった形の星の並びがおひつじ座です。

※オリオンの三つ星から西側に、アルデバラン、すばるを通りこしてさらにのばした先に見つけることもできます。

空を飛んで王子を助けた黄金の羊

　ギリシャ神話で語られるおひつじ座のモデルとして、精霊ネフェレーの子どものプリクソスとヘレーを救うために、つかわした空を飛ぶ黄金の羊がいます。ヘレーは途中でこわくなって海に落ちてしまいましたが、プリクソスは助かりました。この羊が天にあげられて星座になったといわれています。

冬の星座 ❷

オリオン座

ポイント！
ベテルギウス

ポイント！
M42

ポイント！
リゲル

MEGASTAR-ⅡA の星空（はまぎん こども宇宙科学館）

第3章 四季の星座を見つけよう

冬の星座の代表オリオン座は3個の明るい星が目印

オリオン座は、冬の夜空でひときわ目立つ星座で、2個の1等星と5個の2等星を含む非常に明るい星座です。この星座は、ギリシャ神話の狩人オリオンにちなんで名付けられています。

オリオン座の中心部には、明るい星であるベテルギウスとリゲルが位置し、これらの星を結ぶ三つ星（アルニタク、アルニラム、ミンタカ）が腰の部分を形成しています。

オリオン座のベテルギウスは、赤色超巨星として知られ、肉眼で赤っぽい色を確かめられます。

リゲルは、青白く輝く1等星で、オリオン座の足元に位置しています。

オリオン座 の見つけ方

1. オリオン座を見つけるには、南の空を探し、三つ星（オリオンのベルト）が並んでいる部分を目印にします。

2. 三つ星を基点にして、その左上にあるベテルギウスと右下にあるリゲルを確認します。

3. 三つ星の下にある小三つ星の真ん中の星がオリオン大星雲（M42）です。

4. 1月から3月にかけては、南の空で20時頃に最も見やすくなります。

M42（オリオン大星雲）

オリオン座の三つ星の下には、縦に3個の星が並んで見える小三つ星があります。この真ん中の1つの星に見えているのがM42（オリオン大星雲）です。これは星が生まれる場所として有名です。

121

冬の星座 ③

おうし座

ポイント！
M45（プレアデス）

ポイント！
アルデバラン

MEGASTAR-Ⅱ A の星空（はまぎん こども宇宙科学館）

第3章 四季の星座を見つけよう

冬の夜空に赤く輝く1等星アルデバランがある星座

おうし座は、黄道十二星座の第2番目の星座です。冬の夜空でひときわ目立ち、特に赤く輝く1等星のアルデバランがその象徴です。アルデバランは、おうし座の目の位置にあります。

おうし座には、プレアデス（すばる）とヒアデスという2つの有名な星団も含まれています。プレアデスは、若い青い星々が集まった美しい星団で、日本では「すばる」として親しまれています。

ヒアデスはおうし座の顔を形づくるV字の星の集まりです。アルデバランはヒアデスの星々よりも地球に近く、星団のメンバーではありません。

おうし座はギリシャ神話では、ゼウスが美しい王女エウロペを誘惑するために白い雄牛に変身した姿として描かれています。

おうし座 の見つけ方

東　　　南　　　西

1. オリオンの三つ星を結び、そこから西にのばして、赤く明るい星アルデバランを探します。アルデバランはおうし座の右目の部分になります。

2. アルデバランの周囲に広がるV字の星の並びが、おうし座の顔の部分です。

3. オリオンの三つ星からアルデバランを通り、さらにのばした先にプレアデスがあります。おうし座の左肩になります。

おうし座のおもな天体

アルデバランは赤色超巨星で、肉眼でも赤い色をしているのが観察できます。「あとに続くもの」という意味で、プレアデスに続いて登ってくることを表しています。M45（プレアデス）は、明るい散開星団で、双眼鏡でながめるとたくさんの星が見えます。写真では星団の星たちのまわりに、星雲のガスがあることがわかります。

冬の星座 ④

おおいぬ座
こいぬ座

ポイント！ ベテルギウス

こいぬ座

ポイント！ オリオンの三つ星

ポイント！ プロキオン

ポイント！ シリウス

おおいぬ座

MEGASTAR-Ⅱ A の星空（はまぎん こども宇宙科学館）

冬の夜空で明るく輝く
冬の大三角が目印の星座

　おおいぬ座は、冬の夜空でひときわ明るく輝くシリウスを持つ星座です。ギリシャ神話ではオリオンが狩りをする際に従えた猟犬とも、どんな獲物も逃さない猟犬ライラプスだとも伝えられています。オリオンにはもう一匹猟犬が仕えていたとされ、それがこいぬ座です。

　こいぬ座は、おおいぬ座に比べて小さい星座で、1等星のプロキオンが特徴です。プロキオンは、全天で8番目に明るい星で、おおいぬ座のシリウスとともに「冬の大三角」をつくります。

　おおいぬ座とこいぬ座の間には、いっかくじゅう座が描かれています。

おおいぬ座・こいぬ座 の見つけ方

1 おおいぬ座は、オリオン座の三つ星を結んで、東側にのばしていくと、明るく輝くシリウスが見つかります。

2 シリウスを犬の鼻先にし、暗い星も結んだ小さな三角形が頭です。シリウスのすぐ西に前足、南にある3個の2等星がおしりとしっぽになります。

※こいぬ座は、シリウスとベテルギウスを結んだ線を底辺にして、正三角形の頂点になる位置にあるプロキオンが目印です。

おおいぬ座とこいぬ座のおもな天体

　シリウスは、冬の大三角のひとつで、星座を描く星々のなかで最も明るく見える恒星です。「焼きこがすもの」という意味があり、青白い星です。シリウスのすぐ南にはM41という散開星団があり、双眼鏡や小型の望遠鏡で観察することができます。こいぬ座のプロキオンも冬の大三角のひとつです。「犬の前に」という意味で、シリウスより前に登ってきます。

冬の星座 ⑤

ふたご座

ポイント！
カストル

ポイント！
ポルックス

MEGASTAR-Ⅱ-Aの星空（はまぎん こども宇宙科学館）

1等星のポルックスと2等星のカストルが並んで輝く

　ふたご座は、黄道十二星座の3番目の星座で、3等星以上の星が7個含まれています。この星座は、双子の兄弟カストルとポルックスの名前がついた2個の明るい星が特徴的です。

　カストルは双子座の頭部の一方に位置する白っぽい2等星で、ポルックスはその隣にある黄色がかった1等星です。

　ポルックスは、全天で17番目に明るい星であり、ふたご座のなかで最も輝いています。ふたご座は、オリオン座の北東に位置しており、冬から春にかけて夜空で観察することができます。

ふたご座の見つけ方

1. シリウスとベテルギウス、プロキオンを結んだ冬の大三角を見つけます。
2. 冬の大三角のうち、ベテルギウスとプロキオンを底辺として、頂点のシリウスを反対側にたおすと、ふたご座のポルックスが見みつかります。
3. そのすぐ横には同じくふたご座のカストルもあります。

兄弟愛の象徴として知られるふたご座の神話

　ギリシャ神話では、二人はスパルタの王女レダの子どもでしたが、ポルックスは神ゼウスの子でカストルは人間の父との子であったため、ポルックスは不死でカストルは死すべき存在でした。あるとき、カストルが命を落とすと、ポルックスは兄とともに過ごすためにゼウスに不死を分け合いたいと願います。ゼウスはこれを聞き入れ、二人は1日の半分を冥界で過ごし、もう半分を天上で過ごす星座になりました。

監修者プロフィール

甲谷保和

はまぎん こども宇宙科学館プラネタリウム解説員
ギネス世界記録を達成した世界一のプラネタリウムで投影解説を勤めるかたわら、
サイエンスライターとして、天文と科学を中心に子どもたちにわかりやすい言葉で語
りかける書籍を発表。テレビや動画の情報番組などで実験協力・監修・考証を勤め
るなど、さまざまなメディアで活動している。
主な作品、『キラキラ星座ずかん』（大泉書店）、『マンガで楽しく読める星座と神話』
（ナツメ社）、『はじめての星座かんさつ』（実業之日本社）、『ドラえもん科学ワール
ドシリーズ』（小学館）ほか多数。

Creative Staff

編集	：浅井貴仁（ヱディットリアル株式會社）
デザイン	：イシヤマグラフ
写真提供	：オルビィス株式会社、株式会社ビクセン、国立天文台、
	はまぎん こども宇宙科学館、NASA、PIXTA
プラネタリウム	：MEGASTAR-II A（大平技研）

小学生のための星空観察のはじめかた
観測のきほんと天体・星座・現象のひみつ

2024年11月30日　　　第1版・第1刷発行

監修者　　甲谷　保和　（こうや やすかず）
発行者　　株式会社メイツユニバーサルコンテンツ
　　　　　代表者　大羽 孝志
　　　　　〒102-0093 東京都千代田区平河町一丁目1-8
印刷　　　株式会社厚徳社

◎「メイツ出版」は当社の商標です。

●本書の一部、あるいは全部を無断でコピーすることは、法律で認められた場合を除き、
　著作権の侵害となりますので禁止します。
●定価はカバーに表示してあります。
© ヱディットリアル株式會社 ,2024. ISBN978-4-7804-2965-7 C8044 Printed in Japan.

ご意見・ご感想はホームページから承っております。
ウェブサイト　https://www.mates-publishing.co.jp/

企画担当：堀明研斗